JN073429

猛毒動物 最恐50
改訂版

コブラやタランチュラより強い、
究極の毒を持つ生きものは？

今泉忠明

SB Creative

著者プロフィール

今泉忠明（いまいずみ ただあき）

1944年東京都生まれ。東京水産大学（現・東京海洋大学）卒業後、国立科学博物館で哺乳類の分類を学ぶ。文部省（現・文部科学省）の国際生物計画（IBP）調査、日本列島総合調査、環境省のイリオモテヤマネコの生態調査などに参加。上野動物園動物解説員を経て、（社）富士市自然動物園協会研究員として小型哺乳類の生態・行動などを調査。また川崎市環境影響評価審議会委員を務め、1994年からは日本ネコ科動物研究所所長に着任。1999年6月、北海道サロベツ原野にて、世界最小の哺乳類「トウキョウトガリネズミ」を生きたまま捕獲することに世界ではじめて成功する。おもな著書に『小さき生物たちの大いなる新技術』（ベスト新書）、『気がつけば動物学者三代』（講談社）、監修に『おもしろい！進化のふしぎ ざんねんないきもの事典』（高橋書店）などがある。

本文デザイン・アートディレクション：クニメディア株式会社
本文イラスト：森 真由美
校正：曽根信寿

はじめに

　16世紀のスイスの医師パラケルススは「すべての物質は有毒である」といってのけた。確かに、水だって飲みすぎれば有害であり、ときに死に至る。2020年3月にも、アメリカのコロラド州で、11歳の少年が1日におよそ1.8Lの水を飲まされて死亡するという事件があった。父親と継母は、第一級殺人などの罪に問われている。

　ただ、ここでは大量に飲んだり食べたりして作用する毒物ではなく、気づかないうちに咬まれたり刺されたりして、しかもごく微量でも死に至る毒、動物の持つ恐るべき毒について語ろうと思う。

　多くの動物が持つ毒は、動物が体内でつくり出すのだから、いろいろな種類のタンパク質である。このタンパク質が人間の体に入ると毒として「強烈に効く」わけだから、タンパク質の種類によってその効き方は違う。猛烈に痛かったり、血が出たり、体がしびれたり、これらすべてが同時に起こったりすることもあるのだが、大まかにいえば、毒は4つのタイプに分けられるだろう。

　1つは「出血毒」と呼ばれるものだ。マムシやハブなどが持っている毒で、激痛と腫れを引き起こす。毒が体の内部で組織や血液、血管を破壊していく。そして皮膚の間を流れたりしているリンパ液や、普通なら血管を

流れている血液が皮下に漏れるから痛いのである。腫れは咬まれてから5〜10分後くらいから始まり、次第に広がっていく。皮下出血や吐き気が起こり、二次的に麻痺が発生する。

この出血毒と少し異なるのがヤマカガシなどの持つ「溶血毒」で、血液の凝固を妨げるものである。普通、毒が体内に入っても症状はすぐには現れない。痛みも吐き気も、あるいは麻痺することもない。だが、早くて20分後、遅いと数時間後、血液中で複雑な化学反応が連鎖的に起こり、全身の血液が凝固能力を失ってしまう。そのため、血尿、血便、全身におよぶ皮下出血、腎臓の機能障害などが発生する。

もう1つ、恐ろしいのが「神経毒」である。これがどのようなしくみで人間などの体を麻痺させるのかについて語るには、あまりに多様であり複雑である。ひとまとめにして簡単に述べるが、要するに神経を麻痺させるわけだ。

「神経」と私たちがいっているものは、微細な神経繊維の集まりで、つま先から脳まで1本の神経がつながっているわけではなくて、鉄道の線路のように何本もの神経が連結して脳に達している。「命令」は秒速100mで行ったり来たりしている。神経毒は、この神経のつながりの部分を遮断するから、必要な命令が伝わらなくなるのである。「立て」という脳の命令も足の筋肉に伝わらないから、体がひっくり返る、「呼吸をしろ」という命令も伝わらないから呼吸が停止する、心臓も……同じわけだ。

そしてもう1つ、アレルギー反応を起こすタンパク質である。ほとんどの人には無毒のようであっても、体質的に、あるいは1度体内に入ったことがあって、抗体ができている人に激しく作用する。激痛をもたらす毒で、昆虫などの節足動物などなら多量のセロトニンやヒスタミンが含まれていることが多い。これによってアレルギー症状やショック症状が起こり、時には生命の危険もある。

さて、本書では50の「猛毒動物」を紹介しているわけだから、毒の強さがもっとも重要である。出血毒や神経毒といった種類を問わず、注入された量が同じならば、何が一番強烈か、である。普通、毒の強さには「LD50値」と呼ばれるものが用いられる。これは英語の「50% Lethal Dose」の略であり、「半数致死量」と訳される。ある毒物をマウス、ラット、モルモットなどの実験動物に投与した場合に、その実験動物の半数が試験期間内に死亡する用量のことで、投与した動物の50%が死亡する用量を体重kgあたりの量（mg/kg）として表す。動物実験のデータから用量と死亡率のグラフを描き、死亡率50%に相当する用量（LD50）を求める。推定値ということになるが、50%値が用いられる理由は、統計学的にもっともばらつきが小さいから、とされる。たとえばLD50 = 0.02mg/kgという毒物を体重が70kgの10人に注入するとする。0.02 × 70であるから、1.4mgで5人が死亡する……はずである。これはあくまでも推定値であ

り、問題もいろいろある。もっとも重要な問題の1つは、単純に70倍すればよいのかどうかである。

　1960年代に、ゾウのオスが定期的に強暴になる「マスト」を研究するうえで、LSDを与えて人工的に「トリップ状態」を起こす実験がなされた。研究者らは、1匹のネコ（体重2.6kg）を狂躁状態とするだけの量（0.1mg）に体重比を乗じて、ゾウへのLSD投与量297mgを決めた。注射後、そのゾウはたちまち鼻のラッパを鳴らしたり駆け回ったりし始め、次いで立ち止まってよろめき、注射後5分で昏倒して痙攣状態に陥り、脱糞、そして絶命した。そのとき研究者たちは「ゾウというものはLSDに対する感受性が異常に高い」と結論づけたのである。

　しかし、ここで異論が噴出した。1つは代謝速度にもとづいて計算しなければダメで、そうすれば80mgというはるかにわずかな投与量で足りるはずだ、と。確かに、薬物に対する解毒作用や排泄作用は代謝速度に比例するものでありうる、と予測してもよいから、一理ある。

　もう1つは、LSDというものは脳に濃縮されることもあり得たわけだが、もしそうだったら事態はまたずっと複雑で、脳の目方を考慮しなければいけない、と。

　いや、そもそもネコはLSDに対する耐容性が特別高い札付きの動物だから、失敗したのだ。そこらにいる人間をベースに計算しなければいけない……ともいわれた。体重70kgの人では1回投与量は0.2mgである。わずかなLSD

投与量で、人はいろいろ重篤な精神症状をきたす。体重ベースでいくと、ゾウには上記の300mgに近いLSDの代わりに、たったの8mgを与えればよかったことになるのだ。

　代謝速度を基準にすると、人では毎時O_2 131、ゾウでは同2101というデータがあるから、それで計算すると、ゾウに対する投与量は3mgとなる。あるいは脳の目方を考慮するとなると、人の脳は1400g、ゾウは約3000gであるから、わずか0.4mgという計算値が得られるのだ。

　つまり、ここでいいたいのはゾウに何mgのLSDを注射すればよかったのかではない。LD50の数値は絶対的なものではなくて、あくまでも目安として見てほしいということなのである。災難に遭ったときの健康状態、刺された位置は腕の筋肉なのか、首の血管なのか、また、注入された毒量、すぐに医者にかかることができたかどうか、など体質やさまざまな条件によって、実際のLD50の値は変わってくるわけだ。

　本書では、LD50の値を目安として「毒の強さ」で猛毒動物のランク付けを行った。ただし、有毒なものはヘビ類やサソリ類などだけで数百種いるから、その中でよく知られているものを登場させている。自然の中に出て行ったとき、あまりに無防備でも危ないし、怖がりすぎても楽しめない。適度な知識として頭に入れておいていただければ、と願うものであります。

2020年7月　今泉忠明

本書の読み方

猛毒ランキングの順位　　名称

50位 タランチュラ
Tarantula

咬

ビジュアルが生理的に怖い
「猛毒タランチュラ」

■分布：世界各地の温暖地域　　　■サイズ：約12cm
■毒の種類：混合毒　　　　　　　■致死量：LD50＝56.0mg/kg

ローズヘアタランチュラ(チリアンコモンタランチュラ)

毒の投与形態

咬 ＝咬みつき型　　　**刺** ＝毒棘型

噴 ＝吐き出し・噴霧型　**触** ＝毒液装備型

■**分布**：世界または日本国内での分布エリア
■**毒の種類**：おもな毒の成分
■**サイズ**：平均的な体長
■**致死量**：「LD50値」は「50% Lethal Dose」の略で、「半数致死量」の意
　　　　　味。ある毒物をマウス、ラット、モルモットなどの実験動物に
　　　　　投与した場合に、その実験動物の半数が試験期間内に死亡す
　　　　　る用量のことで、投与した動物の50％が死亡する用量を体
　　　　　重1kgあたりの量（mg/kg）として表している

CONTENTS

猛毒動物 最恐50 改訂版

コブラやタランチュラより強い、究極の毒を持つ生きものは？

CONTENTS

ビジュアルが生理的に怖い
「猛毒タランチュラ」

▌**分布**：世界各地の温暖地域　　　▌**サイズ**：約12cm

▌**毒の種類**：混合毒　　　　　　　　▌**致死量**：LD50=56.0mg/kg

ローズヘアタランチュラ(チリアンコモンタランチュラ)

◬ ホラー映画の主役を張れる毒グモ？

　毒グモは数々いるが、その中でも超有名なのがこのタランチュラだ。名前の由来についてはいろいろな言い伝えがあるが、長靴のような形をしたイタリアの、ちょうどヒールの付け根部分にある港町「タラント」だという。この地域には大きな恐ろしい毒グモがいて、咬まれると毒のために踊り出すという伝説がある。あまりの痛さに飛び跳ねるのかもしれないが、踊り出すのではなく、

死なないために踊ればいいという伝説もあって、わざと踊るのだ
ともいわれる。ともかく、この地域には急拍子のナポリ舞曲「タ
ランテッラ」があり、踊るしぐさが中世ヨーロッパで注目された、手
足や体が不規則になぜか動いてしまう「舞踏病」に似ていたから、
タランチュラと「踊る」という伝説が結びついたに違いない。さて、
妙なかっこうで踊っても毒が消えることはないのは誰でもわかるが、
いまでも毒が消えると信じている人が案外いるのかもしれない。
フグを食らって中毒したら、真冬でも水風呂につかれば大丈夫、
という迷信がかなり信じられているのと似たように、である。

　このタランチュラ、大形で胴体の体長が3cm近くある。8本の
足は長く太く、毛深い。足の先端を結ぶと直径12cmを超す。
牙はかなり大きく、咬まれれば傷口も大きく深い。弱い毒であっ
てもかなりの痛みとなるはずだ。こんなのが夜中にガサゴソ這っ
てきたら、しかも毒があるというのだから誰だってビックリする。
それほどに恐れられた不気味な毒グモだから、空想サスペンス小
説や映画にもってこいの生き物である。映画「タランチュラの襲撃」
「恐怖のタランチュラ」「タランチュラのくちづけ」……まるで主役
のような扱いだ。

▲ 超有名な毒グモ、その陰に真犯人？

　ところで、近代になってさまざまな毒の強さや性質を測定する
ことができるようになって、このクモはそれほど恐ろしいものでは
ない、ということがわかってきた。LD50はおよそ56mg/kgだか
ら、体重が60kgの人ならば3.36g、つまり相当量を体内に入れ
なければ大丈夫、ということだ。タランチュラに咬まれて死んだ
人はいないとされる。タランチュラは、コオロギなどの昆虫を食
べる。毒はそれを捕るためのものだ。いまでは毒グモというより

タランチュラコモリグモという可愛らしい名で呼ばれている。メスが子供を体の上で育てる習性があり、コモリグモと呼んだほうが適切である、というわけだ。

　それにしても、毒がそれほどないのに伝説まで生まれるなんて、不思議な気がするだろう。それには1つ、港町タラントには、体は1cm前後と小さいが猛毒のジュウサンボシゴケグモ（27位参照）が棲息しており、咬まれてもそれに気づかず、大形のタランチュラが目につきやすいため「そいつに咬まれた！」という誤解が広まったらしい、といわれる。そしてもう1つ、ヨーロッパから新天地・南北アメリカにたくさんの移民が渡り、そこで出くわした巨大毒グモにタランチュラの名をあてたから、本物と偽物がごっちゃになり、いつしか巨大で不気味なクモすべてをいっしょくたにして「タランチュラ」と呼ぶようになったのである。

⚠ タランチュラの中には毒毛を飛ばす種類も！

　タランチュラ自体はコモリグモ科というグループなのだが、あとから混ざってきたタランチュラは別のグループだから厄介だ。分類学でいうとそれらはほとんどすべてが「オオツチグモ科」という仲間に含まれる。オオツチグモとは、大形で、多くは「くもの巣」を張らず土の中に巣をつくるクモ、の意味だ。およそ900種もいて、タランチュラの生まれ故郷である地中海地方をはじめ、北アメリカ南西部から南アメリカ、熱帯アジア、熱帯アフリカ、ニューギニア島、オーストラリアなど、移民が入った世界の温暖な地域、ほとんどすべてに分布する。どれも巨大で、全身に毛がモサモサと生えていて、攻撃性もあるから、いかにも恐ろしい。南北アメリカのオオツチグモときたら、腹部に毒毛を持っており、危険を感じるとこれを足で蹴って飛ばす。咬むだけでなく「飛び道具」も持っ

ているのだ。その毛が目や皮膚につくとかぶれる！ときている。

　こんな不気味なクモは日本には棲んでいないが、決して油断はできない。木材や果実に子グモがくっついて移入してくることもある。昭和のころには何回か発見され、大形だから人々の目につきやすく、大騒ぎになった。また、ペットとして飼育している人が案外いる。「飼育する」ということは、かならず「逃げられる」という可能性があるのだ。2017年7月には、鹿児島大学で、掃除をしようとしていた職員が、体長10cmほどの「**ローズヘアタランチュラ**」を見つけ、捕獲した。外部のものである可能性が高く、鹿児島市をはじめ、ペットショップでよく扱われている種類だという。また、2006年6月には、横浜市の主婦が自宅の外壁にいたのを発見して、ベニヤ板などを使って捕獲し、警察に届け出た。「**バードイーター（鳥を食うやつ）**」という種類らしく、体長5cmほど、脚開張13cmと巨大で、東京・多摩動物公園に引き取られた。国内のペット店で5000〜1万円で売られているのだ。咬まれてもまず命に別状はないとはいえ、万一を考えるならば、そのクモを持って医療機関に行くのがよい。

南北アメリカに棲息するオオツチグモの仲間「バードイーター」の一種、メキシカンレッドニータランチュラ　　　　写真：Fir0002

カンボジアなどではタランチュラを唐揚げで食べる！　　　　　　　写真：David Dennis

Red stingray

刺

クロコダイル・ハンターも
敵わなかった「エイの一撃」

▌**分布**：温暖地域の沿岸部 ▌**サイズ**：最大約2m

▌**毒の種類**：神経毒 ▌**致死量**：LD50＝28.0mg/kg

アカエイ

⚠ 世界が驚いたクロコダイル・ハンターの死因

　2006年秋のこと、「豪"クロコダイル・ハンター"、番組撮影中に事故死！」という悲報が流れた。アカエイに刺されたのだ。ワニの中でももっとも気が荒いイリエワニなどの野生動物を生け捕りにすることで世界的に知られるスティーブ・アーウィン氏（44歳）のことである。彼はシュノーケルを着けて、ドキュメンタリー番組の撮影のためグレートバリアリーフの海中に潜っていた。彼がアカエイの上に回った直後、アカエイの棘が彼の胸を突き刺した、

という。アカエイは尾の中ほどに毒のある棘を持っており、普段は海底で砂に潜り、目と吸水孔を出し、尾部を斜め上方に立ててじっとしていることが多い。そして危険を感じると棘を立て、尾を上向きに振る。アーウィン氏は海底すれすれを泳ぎながらエイの真上を通ったようで、アカエイは危害を加えられたと感じ、反射的に尾を振ったようだ。彼は自ら棘を抜いたが、まもなく意識を失い、ボートに引き揚げられて病院に搬送されたがすでに死亡していた、という。

アカエイの毒はLD50が28.0mg/kgである。アーウィン氏は背が高く筋骨隆々、堂々たる体躯（たいく）だから体重は90kgくらいあるような気がした。だとすれば2.52gも注入されなければ死ぬことはない。しかし、刺されたのが胸、一説には心臓かその近くだったというから、不運だった。アカエイの毒は神経毒だから、たちまち彼の心臓を停止させたのに違いない。それまでにオーストラリア国内では、アカエイによる死亡例は2件しかなく、地元の関係者は100万分の1の確率でしか起こりえない出来事だと述べていた。

とはいえ2018年の秋にも、オーストラリア南部のタスマニア島で、遊泳客の男性がアカエイに腹部を刺されて死亡するなど、世界各地からの報告がなくなることはない。

めったに起こらないことがこのようにときどき起こるならば……よほど注意するしかない。

アカエイの棘。かえしがついているので刺さると抜けにくい

⚠ 浜辺で起きるエイとの衝突事故

　アカエイに刺される事故は、ほとんどが波打ち際や湾内、潮溜まりでこの魚を踏みつけるために発生している。2019年10月26日、アメリカのカリフォルニア州にあるハンティントンビーチでは、1日に176人がアカエイに刺された。

　それはアカエイが浅い海の砂泥底に適応したサメのグループで、普段は砂底に浅く潜り、目と吸水孔、毒棘のある尾だけを砂の上に出して、じっとしているからだ。眠りながらでも泳ぎ続けないと呼吸ができなくなる多くのサメと違って、アカエイは省エネ型の生活者である。吸水孔から吸い込んだ水は鰓を通って腹側の孔から吐き出されるから、砂に潜っていても呼吸ができる。尾は防御兵器で、真上から接近する外敵に向かって反射的に振られる。平べったく円いから異常に面積が広く、上から踏まれる率は高い。口は下側にあり、普通、円い鰭を羽ばたかせてヒラヒラと海底をこするように泳ぎながら、貝やイカ・タコ、エビ・カニ、魚類など底生生物を探し、捕食する。人間が刺されると10分以内に激しい痛みとなり、出血が激しくなる場合もあるが、毒を搾り出し、傷口をきれいな水で洗い流して清潔さを保ち、迅速に治療を受ければ、1週間ほどで快復する。俗に「その場でオシッコをすると治る」といわれるが、これには何の根拠もない！

尾の付け根にも突起があり、少し離れて毒棘がある(写真左端)

48位 ヒメハブ

Dwarf lance-head snake

咬

ツチノコのモデル？
死亡例はないが、強力な毒を持つ短太ヘビ

▌分布：日本（南西諸島）　　　　▌サイズ：約30〜80cm

▌毒の種類：神経毒・出血毒　　　▌致死量：LD50＝12.5mg/kg

ヒメハブ

⚠死亡しないと毒ヘビとは呼ばない？？？

　「ヒメハブは毒ヘビではない」って、まじめな顔をして冗談をいった人がいる。ヒメハブに咬まれて死亡した例がないからだそうだ。「沖縄子どもの国」でコブラやハブなどの爬虫類を専門に飼育している大谷勉氏だ。テレビ番組の生放送でのことだ。ヘビの冬眠実験をアオダイショウで、そのほか毒ヘビの持つ赤外線感知器官を確かめる実験をハブでやった。大谷さんはそのとき沖縄からハブやヒメハブとともにスタジオに現れた。首に巻いて登場したわけ

ではないが、毒蛇として恐れられる大きなハブを手なれた手つきで扱う様子に驚かされたものだ。番組も終わりに近づいたとき、私がアオダイショウに見事に咬まれてしまった。手の甲を「やすり」のような歯で咬まれたものだから、ほとんど痛くはないが見た目は痛そうで、かなりの血が流れリノリウムの床にボタボタと垂れたほどだった。大谷さんがニヤリとかすかに笑った。「ハブでなくてよかったね……」といいたかったのかどうかわからないが、番組が終わったところで彼がポツリといった。「ヒメハブでもそんなもんです」と。いえいえ、ハブはハブですよ、ヒメハブだって。咬まれたら相当痛いはずだ。亡くなった人はいないとはいえ。

❹ ヒメハブがツチノコの起源？

　ヒメハブはそれほど大きくはない。全長30〜80cmで、太くてずんぐりしている。日本産のヘビとしては異常に太くて、姿は「ツチノコの手配書」の絵によく似ている。いや、ツチノコの手配書がヒメハブをもとに描かれたのかもしれない。ビール瓶のように太くて短い。だが、分布は本州・四国・九州ではなく南西諸島にかぎられる。毒ヘビだけあって分布はよく調べられている。奄美諸島では奄美大島をはじめ、加計呂麻島、請島、与路島、徳之島、沖縄諸島では沖縄島、伊平屋島、野甫島、具志川島、伊是名島、屋那覇島、屋嘉地島、伊江島、渡名喜島、久米島、座間味島、安室島、阿嘉島、慶留間島、外地島、屋嘉比島、久場島、渡嘉敷島、儀志布島、城島、黒島、前島、仲島、端島である。いずれもやや標高のある島で、サンゴ礁でできた島ではない。このことは古い時代に、大陸と陸続きのころ渡って来たその種が、大陸では絶滅したが島々で生き続けたことを示している。かなり原始的なヘビであり、動物地理学上、重要な種であるというわけだ。

　ヒメハブはハブとは違って木には登らないから、体が太くて短くても差し障りがない。森林や水田のへりなどに棲息し、落ち葉や倒木の下でじっとしていることが多い。水辺を好み、暑い季節には鼻の穴だけ水面から出して水溜まりに潜んでいることがある。ネズミや小鳥、トカゲ、カエルなどを食べる。寒さにも強く、冬季にはしばしば、産卵のために集まったカエルを目あてに渓流や小川に現れる。

蛇行するヒメハブ

⚠実際の毒の威力は？

　動きがのろく地元の言葉で「ニーブヤー（寝坊者）」と呼ばれるほどだが、ヘビだから急ぐときだってある。知らずに踏みつけたりすると、足首などを咬まれること必至だ。ともかく、さまざまな書物を読んでも、確かにあまり危険ではないなどと書かれている。「本種の毒は非常に弱く、咬まれても軽い腫れや吐き気、めまいが起こる程度」、あるいは「症状が重いようで心配ならば医師に見てもらい、抗生物質や消炎剤などで治療してもらう。1〜2日で症状は軽くなる」などとある。ちなみに、人が死ぬことはないから不要、ということで「抗毒血清」はつくられていないそうだ。

だが、『急性中毒処置の手引き』(薬業時報社、1999年) によれば、「筋壊死を起こすことはまれで、腫脹は7〜10日で治まる。毒性はマウス静脈注射LD50 250μg/20g」とある。この最後のLD50が問題なのだ。体重1kgあたりに直すと、12.5mgとなる。体重60kgの人で0.75g……アカエイと比べると倍以上も強力だ。運悪く首でも咬まれたら、おしまいだ。

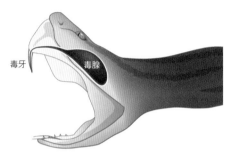

毒牙　　　毒腺

ハブの毒牙のしくみ

毒牙　　　　　　　　　毒牙

マムシ・ハブ（前牙類）　　ヤマカガシ（後牙類）　　アオダイショウ（無毒）

マムシ・ハブ/ヤマカガシ/アオダイショウの毒牙の位置の比較

47位 フェルデランス

咬

Fer-de-lance（*Bothrops atrox*）

歴史の陰で暗躍した
テロリスト集団？

▌分布：中央アメリカ、南アメリカほか　▌サイズ：約1.5〜1.8m
▌毒の種類：おもに出血毒　▌致死量：LD50＝10.02mg/kg

フェルデランス　　　　　　　　　　　　　写真：Bernard DUPONT

⚠ 兵器として活躍した猛毒ヘビ？

　猛毒のヘビが空を飛んできたら、どうだろう。それもやたらめったら、たくさんの毒ヘビが……。そんな痛そうなことは考えたくもないが、実際にあったらしい。中央アメリカはカリブ海の島々での言い伝えだ。南アメリカ本土に住んでいた先住民のアラワク族が、ジャマイカ、セントルシア、マルチニクなどの島々に住む先住民と戦ったとき、相手を悩ませるために、フェルデランスとしか考えられない毒ヘビを籠に入れて持ってきて、投げつけたというのである。このフェルデランス（Fer-de-lance＝槍の穂先、和名：カイサカ）は、アメリカハブ類の仲間で最大種であり、全長が

普通1.5〜1.8 m、最大は2.5mほどに達する。生物化学兵器の一種だったわけだ。フェルデランスが、その本来の棲息地である大陸から、海上1100kmも離れたカリブの島々に棲んでいるのは、この戦いのとき以来らしい。

さて、どっちが勝ったのか……。おそらく投げつけたほうだろう。というのはこれに似た前例があるのだ。紀元前186年に小アジア北西部でビュテニア王国の軍が、毒ヘビを入れた容器を敵の船に投げ込み、その戦争に勝ったという話があるからで、毒ヘビを投げ込まれた側はパニックに陥ったこと、間違いない。

❹子ヘビにも油断できない強い毒性が

フェルデランスの頭部は三角形で口先が細くなり、胴には鮮やかなダイヤ模様がある。分布域が広く、メキシコ南部から中央アメリカ、コロンビア、ベネズエラ、ギアナ、ブラジルのほか、ペルー、ボリビア、パラグアイの一部にもおよぶ。熱帯雨林や、そこから続く農耕地などが棲息場所である。

そして、オポッサムやネズミ類などの哺乳類、トカゲや小さなヘビなどの爬虫類、そしてカエルなどの両生類を捕食する。ネズミ類が人家などに棲みつくことが多いため、フェルデランスも獲物を求めて人家に近づき、人間と出くわすことが多くなるわけで、サトウキビ畑などの農耕地によく姿を現すのも、やはり獲物を探してのことである。農耕地ではヤブの下生えを刈ったり、農作物を収穫したりするときなど、しばしばこの毒ヘビに出会う。また、彼らは夜行性であり、夜になると日中に温められた道路などに這い出してきて、そこに横たわっている。長い毒牙を持ち、毒性が強く、しかも人間との接触の機会が多いので、咬まれる事故の発生はきわめて多く、彼らの評判はますます悪くなる。

フェルデランスは卵胎生で、普通は1腹60〜80匹の子ヘビを産む。子ヘビの数や大きさは、母親の大きさにもより、たとえば1.8mの親からは30cmほどの子ヘビが生まれる。子ヘビは生まれたときからすでに十分な毒を持っており、小さいからといって油断はできない。また、出産数の多いことに加えて、子ヘビも大人のヘビも適応性が高く、変化に富んだ環境に棲むことができるため、棲息密度が高くなりやすいと考えられる。

❹ しっぽの威嚇で自衛も怠りなし

フェルデランスは強力な毒を持つだけでなく、敵に対し、尾を激しく震わせ地面を叩いて音を出すことで脅している。尾端にはガラガラヘビのような発音器官はないが、それでも尾の振動によって落ち葉が「ガサガサガサーッ」と音を立てるから脅しに効果的だ。尾を震わせて威嚇する行動は、シマヘビやマムシにも普通に見られるが、ガラガラヘビの尾端にある警戒信号用の発音器官は、おそらくこのような行動から発達してきたものに違いない。

ブラジルでは、2018年の統計で、2万9000人近くがヘビに咬まれ、100人以上が死亡している。この年に限らず、もっとも多いのは、ジャララカ（和名：ハラ ラカ）と呼ばれる毒ヘビによる被害で、LD50は1.2〜3.0mg/kgと強力である。あとは**ナンベイガラガラヘビやアメリカハブ属**の各種が挙げられ、フェルデランスは6番目前後である。LD50が10.02mg/kgであるが、分布が広いため、ナンベイガラガラヘビとともに、もっとも危険なヘビの1つになっている。

ジャララカ　写真：Renato Augusto Martins

Honey bee

温和なミツバチも
チームを組めば殺人集団に！

▌**分布**：汎世界　　　　　　　▌**サイズ**：約12mm
▌**毒の種類**：混合毒　　　　　▌**致死量**：LD50＝6.00mg/kg

セイヨウミツバチ

⚫ ミツバチの恩恵に与ってきた人間の歴史

　ミツバチには「マーヤ」だの「ハッチ」だの可愛らしいのがいて、「人間の友だち」といいたいところだが、人間の扱いからみると広い意味での家畜だ。ウシやウマと比べたらはるかに小さい動物だが、カイコと同じように、人間のためにひたすら働かされる奴隷である。私たちがミツバチと呼んでいるのは、おもに「セイヨウミツバチ」であり、もともとヨーロッパからアフリカの広大な区域に

棲んでいる。自然状態では木の洞や岩の洞穴など暗いところに営巣する習性を持っている。これを人間が利用するようになったのだが、紀元前7000年くらい前には人間によって飼育されていたらしく、スペインのバレンシア付近の洞窟に「女性のハチミツ狩り」なる壁画が残されている。ギリシアは、古代に養蜂の盛んな国だったことがうかがえるが、そのころから木製、籠、陶製などいろいろな素材の巣箱でミツバチは飼育されていた。

　人間はミツバチの飼育によって蜂蜜、蜜蝋、ロイヤルゼリーなどの生産物を得るとともに、花粉媒介を通して果樹、牧草、農作物の結果に計り知れない利益を得ていることはご存じの通りだ。新大陸の南北アメリカ、オーストラリアにミツバチは棲息していなかったが、ヨーロッパからの移民によってミツバチも移住し、いまや極地を除いて地球上の至るところで飼育されている。

　ギリシア時代には、飼育箱に数枚の巣板が天井からぶら下がるようにつくられ、1枚1枚の巣を観察することもできず、蜂蜜を採集するときには、その巣板を切り取って布袋などに入れ、巣を壊して搾り取る方法しかなかった。それが、1851年、アメリカ近代養蜂の父といわれるラングストロスによって、1枚1枚の巣を動かすことができる可動式巣板入りの「上開き式巣箱」が発明され、今日に至っている。

現代の巣箱では、1枚1枚の巣板を
動かせる

❶ ミツバチが死んでもピクピクと動き続ける毒針

さて、体長わずか12mmくらいの奴隷的生物だが、ミツバチは
ちゃんと武器を持っている。腹の末端、お尻とおぼしきところか
ら針が出る。刺針で刺すと同時に基部にある腺から分泌された
攻撃フェロモンによって、外敵に対して集団攻撃を加えるのだ。
「かえし」のついた針と毒腺は、ハチが刺した相手から離れようと
するときに脱落してあとに残る。ハチはこの利他的な自己犠牲の
末にすぐに死んでしまうが、毒嚢はピクン、ピクンと規則正しく
鼓動して、毒を注入し続ける。

1981年7月、アメリカのミズーリ州ケインズビル近郊の牧場で、
干し草刈りをしていたトラクターの音に驚いたミツバチの大群が、
近くにいたブルナイザー夫妻を襲った。なぜかミツバチの群れは
迷わず婦人のほうだけに集中し、婦人は全身を刺されて呼吸困難
と心臓麻痺により数秒で死亡した。夫のほうは50カ所ほど刺さ
れたが助かった。ミツバチでも死亡例があるのだ。

LD50は6.00mg/kgであるから、体重60kgの人で約0.36gが体
内に入ると危ない計算になる。問題はアレルギー反応が起きるか
どうかなのだろう。近年の日本でも、過去にミツバチに刺された
人が新たに刺されたときに意識が遠のき、救急搬送や緊急処置
となった複数の事例が報じられている。

❷ アメリカに侵入したキラー・ビー

もう1つ、恐ろしいことが起こっている。南アメリカのブラジル
でも養蜂は盛んだが、これに使われるのはやはりセイヨウミツバ
チである。だが、熱帯では採蜜能力が落ちることから、南アフリ
カからアフリカミツバチを移入して、セイヨウミツバチとかけ合わ
せ、能力アップのための研究をしていた。このアフリカ化ミツバ

チがサンパウロの研究所から放たれたのだ。彼らは獰猛で、その攻撃的性質から大集団で家畜や家禽、人をも攻撃し、時に死に至らしめることがわかった。しかも蜜蝋も蜂蜜もほとんどつくらず、ハイピッチの音を嫌う。彼らはその分布を次第に広げ、1971年にはアマゾンの熱帯雨林も越えた。アメリカ合衆国ではこの危険なミツバチが中央アメリカを経て北アメリカまでやってくるものかどうか真剣に調査していたが、1990年10月、メキシコ国境を越えてアメリカ合衆国に侵入した。1993年にはテキサスとアリゾナの南部に到達している。35年ほどで2000万km^{2}の範囲に広がったのだ。そしてその獰猛な性質からキラー・ビーと呼ばれるようになったのである。

2002年以来、合衆国ではフロリダ半島地域にキラー・ビーが侵入していることがわかっていたが、2008年4月、農業用トレーラーを分解しようとしていた男性が刺された。100匹以上に刺されたらしく、しかも運の悪いことにアレルギー反応が起きたのだ。生物毒はその強さだけでなく、獰猛かどうか、大群を成すかどうかなどのほか、刺された側の体質にもよるから、用心が必要なのである。

左がキラー・ビー、右がセイヨウミツバチ
写真：Scott Bauer, USDA Agricultural
Research Service

45位 サキシマハブ

Protobothrops elegans

ハブとひと口にいっても、地方によっていろいろな種類がいる!

■**分布**：日本（八重山列島）　■**サイズ**：約1.2m
■**毒の種類**：おもに出血毒　■**致死量**：LD50＝4.5mg/kg

サキシマハブ

⚠ 遭遇しやすい身近なハブ？

　名は「先島諸島のハブ」の意味で、八重山列島の石垣島、竹富島、嘉弥真島、小浜島、黒島、西表島と沖縄本島南部（移入種）に分布する。宮古列島にはもともと生息せず、2013年に1匹が見つかっているが、移入種と思われる。

　棲息地の1つ、西表島を歩き回ったことがあるが、日中に出会ったのは3年間でわずか2回にすぎなかった。1回は朝方で、樹上の観察台から飛び降りようとして下を見たら、大きな個体が休んでいた。危うく留まり、小枝など投げつけて「嫌がらせ」をしたら、

やがて森の中に消えていった。捕らえようにも態勢が悪く、その
ときは見逃した。木の上から飛びつくわけにはいかない。2度目は、
村の中に借りていた家の外にある足洗い場だった。足を洗って
いるときに気づいた。小さな子ヘビだったが、標本としてゲット
した。

⚠ 咬まれると、マッチョな男も泣き叫ぶ！

　サキシマハブはサトウキビ畑などに多く、村人は草刈りなどを
していて咬まれることが多い。沖縄本島のハブほど致命的ではな
いが、痛みは相当なものらしい。雑草を刈っていた屈強な農夫が
腕を咬まれたが、激しい痛みが3日以上続き、ある知人は「あの
頑丈なオジーが、痛さのあまり3日間ワーワー泣いてるさ」と笑っ
ていた。腕が腿ほどに腫れ上がったが、やがて完治したという。
もちろん抗毒血清を打っての話である。

　LD50は4.5mg/kg、決して弱くはない。夏の暑い時期には木の
上にもいるから気をつけろ、とよくいわれた。首を咬まれると、
やはり死亡する確率が高い。夏の雨上がりの夜は山道の水溜
まりに浸かっている。カエルを狙っているのだ。ある夏の夜、夜間
採集に出かけた。路上をかなりの数のセマルハコガメやヤシガニ
などが歩き回っている。わだちの水溜まりには小形のサキシマハ
ブがいる。そんな動物を採集するわけだ。

⚠ カエルを探しに行って、ハブに遭遇？

　たまには違う動物も採りたいと思い、林道の脇の木々を懐中
電灯で照らしながらゆっくりと探していたとき、高さ2mほどの枝
で鳴いているヤエヤマアオガエルを見つけた。1.5mほどの「ヘビ棒
（勝手に名づけたヘビの捕獲道具）」を操り、カエルにどうにかこち

らに飛んでもらおうとして
いた。もうちょい、と思っ
たとき、同行していた先生
が後ろから叫んだ。「右手
にヘビがいるぞ！」ビック
リしてライトで照らすと、
カエルに照準を合わせてい
た比較的長いヘビがいた。

ヘビ棒

❶「ハブ⁉」と思ったら、別のヘビだった！

　「ハブかもしれんぞ！」とまた脅かされた。そのときヘビが動い
た。スルスルーッ前進したかと思ったら、差し出している「ヘ
ビ棒」を伝ってこっちに向かってきたのだ。思わずヘビ棒を捨て、
大急ぎでスペアのヘビ棒を取り出し、そのヘビを見つめてわかった。
いや、初めて見る名も知らぬヘビだということがわかったのだ。
ハブではなかったから、気は楽になった。慎重に丁寧に傷つけな
いように捕獲した。家に戻り、図鑑とじっくり比べた結果、どう
やら「イワサキセダカヘビ」だということになった。図鑑は死んだ
アルコール漬けの標本をもとに描いてあったから、生きているも
のとはまったく違ったのだ。日本初の生け捕りだった。

　とにかくサキシマハブでなくてよかった。おそらく動きはもっと
速いだろうから、ヘビ棒を伝ってきて、腕かなんかを咬まれてい
たかもしれない。そのころはまだサキシマハブ用の坑毒血清はな
かった。沖縄産のハブ用の抗毒血清で治療していたのだ。血清が
合わないと相当に痛い目に遭うらしく、サキシマハブに咬まれて
3日も泣いていた前述の村人はハブ用を注射されたに違いない、
と私は思っている。

44位 ヒャッポダ

咬

Hundred-pace pit viper

咬まれたら100歩で倒れる怖い毒ヘビ

▌分布：台湾、中国、ベトナムなど　　▌サイズ：約90〜155cm
▌毒の種類：出血毒　　▌致死量：LD50＝4.41mg/kg

ヒャッポダ　　　　　写真：Sam Yue/Alamy Stock Photo

❹ ヒャッポダを祖先に持つ民族がいる

　数ある毒ヘビの中でも「百歩蛇」とは、実に印象的な名だ。ヘビに対する民族的な信仰は世界各地にあるものだが、台湾のパイワン族の祖先は「咬まれれば100歩も歩かないうちに倒れる」というのが名の由来となっている毒蛇ヒャッポダだとされ、背にある三角形の連続模様が家紋や衣服などの模様として用いられている。

　猛毒を持っているからこそヒャッポダなのだが、誇張ではない。

この「神聖なヘビ」に咬まれても死ぬ人は少ないともいわれ、咬みつかれたら咬み返すとヘビのほうが死ぬとかいう話さえもあるけれども、油断は禁物だ。このヘビは実際にその名以上に危険であるとする報告がある。米軍には作戦の関係で世界各地の有毒動物について調査・研究する部隊があるが、毒液は激しい**出血毒**で、LD50は静脈注射で0.04mg/kg、腹腔内注射で4.0mg/kg、皮下注射で9.2mg/kgという数値を出している。そして惨事は珍しくない、としている。平均で4.41mg/kgというわけだが、毒の量が多く、さらに運悪く牙が静脈に入れば最強の毒の結果がもたらされる。激痛、出血、そして組織の壊死が起こり、動悸が激しくなり、まもなく全身症状となり、坑毒血清を打たなければ即死に近い、という。ヒャッポダに咬まれたら「hundred pacer（100歩）」ではなく、実際は「fifty pacer（50歩）」だともいわれ、中国では「five pacer（5歩）」ともいうから、猛毒であることは確かだ。

❹ 意外に広い範囲に棲息するヒャッポダ

　抗毒血清は台湾でつくられている。名前からすると台湾に固有のもののように聞こえるが、分布は比較的広く、中国南部、海南島からベトナム、そしておそらくはラオスあたりまで棲息するとみられている。標高100～1400mの、樹木に覆われた山地の斜面、岩が点在する斜面、ヤブの多い渓谷地帯に棲息し、水辺を好む。日中は落ち葉の下やブッシュに潜んでいたり、あるいは岩棚などで日光浴をしながらじっと休んでいたりする。夜になると活動し、ネズミや小鳥などの温血動物、トカゲやカエルなどの冷血動物を捕食する。夜は山の中をやたら歩き回らない、ということが重要だ。

　ところで、ヒャッポダは食材の1つでもある。台湾のいくつかの

レストランではメニューに「蛇スープ」があり、肝酒や蛇酒として
ヘビ毒が利用されているらしい。このヘビの毒を含む錠剤は、飲
むと健康をもたらし、さらには咬まれたときに毒を打ち消すとも
いう。昔からの漢方薬の1つとされているのだ。

❹ ヒャッポダの名前が付いた "健康食品" も……

　日本人もこの種のいわゆる「健康食品」が好きなようだが、
ちょっと用心したほうがいいだろう。2007年には、「ステロイドが
含有されたいわゆる健康食品について」と題して、厚生労働省が
情報を出している。それによれば、日本での製品名「中国健康食
品不老長寿乃源『秘宝百歩蛇全体粉』」、台湾での製品名「台湾名
産健康食品『百歩蛇風湿丸 (ヒャッポダ神経丸)』」は、「消化作用、
肩こり、貧血」などを効能としていたが、60代女性1名が血糖値
の上昇、80代男性1名が呼吸不全、80代女性1名が全身の浮腫・
ふらつきなどを発症。ステロイドホルモン、消炎鎮痛剤が含まれ
ており、健康食品に見えて、実は未承認の医薬品であった。

台湾で見かける「ヒャッポダ」モチーフの数々

43位 サイドワインダー

Sidewinder

咲

砂漠も暗闇も関係ナシの凄腕ハンター！！

■分布：アメリカ西部
■毒の種類：出血毒

■サイズ：約45〜60cm
■致死量：LD50＝4.03mg/kg

サイドワインダー　　　　　　　　　　写真：Shoemcfly/iStock.com

❹ 熱を感知して獲物を仕留める

　サイドワインダーの日本名は「ヨコバイガラガラヘビ」。どちらもその動きの「横に曲がりくねるもの」が種名となった毒ヘビである。人によっては、ディズニーの映画『砂漠は生きている』に登場して有名になったことを覚えているだろう。あるいは、米軍の空対空ミサイル「サイドワインダー」を想像するだろう。このミサイルはガラガラヘビと似たような赤外線追尾式であるところから命名された。ガラガラヘビは目と鼻孔の間に「ピット」と呼ばれるくぼみを持っており、内部には熱を感じる神経末端が収まっている。左

右2つあるその器官で動物の出す熱を感じると方向や位置、距離を知り、真っ暗闇の中でも正確に獲物を仕留める、というわけだ。

　サイドワインダーはサラサラの砂の上でも時速3.3kmで進む。人なんかは砂の上だともたもたしているから追い越されてしまう。いや、追いつかれて咬まれてしまう。足もないのにそれほどのスピードを出せるワケが**サイドワインディング**なのである。彼らは人間でいう喉のあたりを持ち上げると10cmばかり先のほうに着地させる。しっかり固定させると、そこを支点にして体の後半部を持ち上げて10cmほど持ってくる。全身を使っての「二足歩行」みたいなものだが、これだとサラサラした砂の上でもズルズル滑らずに「走れる」。従って、彼らはまっすぐには前進しない。やや横斜め方向に進んでいく。それでサイドワインダーなのである。

鼻孔と目の間にピットがある
写真：reptiles4all/iStock.com

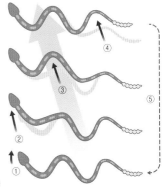

サイドワインディングの動き

❹ 小ぶりでヨカッタ、膝下まで要注意

　それでいて猛毒だから、ちょっとコワイ。LD50は平均で4.03mg/kg、出血毒でかなり強い。血管を直撃したら2.60mg/kgくらいだ。だが幸いなことに、全長45〜60cmと比較的小形である。人間の腿のあたりには毒牙が届かないのだ。

　アメリカ西部の砂漠で動物の観察をしようとしたときのこと、レンジャーに会うと、妙に立派なウェスタンブーツを履いているのが気になった。この暑いさなかになぜブーツ？ と思っていると、視線を感じたのか教えてくれた。「私たちはこれからカンガルーネズミやポケットネズミを観察に行く。でもそれを獲物として狙っているサイドワインダーもたくさんいて、あちこちに潜んでいる。だから私はこういうブーツを履いているわけだ」と、ブーツを叩きながらいうではないか。驚き慌てて車にブーツを取りに行った。ブーツといっても、黒いゴム長だったけど……ま、いいか、咬まれるよりは。そこで納得したのは、西部劇に出てくるカウボーイがなぜロングブーツを履いているか、である。北アメリカ一帯にはガラガラヘビの仲間だけでも30種あまりいるからなのだ。

　サイドワインダー自体はただ1種で、北アメリカのネバダ、ユタ、カリフォルニア、アリゾナの各州とメキシコのカリフォルニア半島北部のソノラ砂漠地帯に広く分布している。夜行性で、日中は普通クレオソートブッシュやユッカの木陰で、カンガルーネズミなどが掘った穴に隠れたり、体を砂に埋めたりして過ごしている。

　半分砂に埋もれた彼らの姿は、その体色と斑紋のおかげで砂地と見分けがつきにくい。恰好の保護色だ。彼らの狩りは待ち伏せ型といってもよく、獲物を一瞬咬むと離れる。小さなカンガルーネズミだとほぼ即死に近い。その場から逃げたとしてもやがて毒が回り、追跡してきたサイドワインダーに飲み込まれるのだ。

42位 ハブ

咬

Habu(*Protobothrops flavoviridis*)

日本古来の、由緒正しき(?)南国産毒ヘビ

▌分布：日本（南西諸島）
▌毒の種類：おもに出血毒

▌サイズ：約1〜2.2m
▌致死量：LD50＝3.42mg/kg

ハブ　　　　　　　　写真：Hailey R. Davis

⚠日本でもっとも恐ろしいヘビ？

　ハブは怖い。個人的な単純な印象だが、わが国最大で、もっとも危険な毒ヘビである。サキシマハブ、トカラハブ、ヒメハブなどをあわせてハブ類とするが、まぎらわしいのでハブを「ホンハブ」とか「マハブ」とか呼ぶことも少なくない。

　ハブは琉球列島中央部の奄美群島と沖縄群島の島々のうち、奄美大島、枝手久島、加計呂麻島、請島、与路島、徳之島、伊平屋島、伊江島、水納島、瀬底島、古宇利島、屋我地島、沖縄本島、

藪地島、浜比嘉島、平安座島、宮城島、伊計島、渡嘉敷島、渡名喜島、奥端島、久米島の22島に分布することがわかっている（なお石垣島、竹富島、嘉弥真島、小浜島、黒島、西表島にはLD50＝4.5mg/kgのサキシマハブが分布する。45位参照）。全長1〜2.2m。平地から山地の森林内に棲息しているが、村落や耕地の周辺で見られ、ネズミを追って人家内にも侵入してくる。

　2019年春にも、沖縄県民の男性が、自宅の玄関先で咬まれながらも長さ1.6m超のハブを退治し、救急搬送された。それを伝えた琉球新報は、「県内では年間100人前後のハブ咬症患者が出ている」と警戒を促している。

❹ ハブに「打たれ」ないよう、習性を知ろう

　ハブは夜行性で、日中は石垣の間、ソテツの葉の奥、木の根元などに潜んでいる。敵を攻撃できる範囲は、普通は全長の1/3程度だが、興奮していると2/3に達する跳躍力を持っている。ハブがそこにいるとは知らずにまたごうとした人が、顔面すれすれに下からハブが飛び上がったが、一瞬のことで何が起きたのかわからず、あとでハブと知って腰が抜けた、という話を聞いたことがある。ハブは目にも止まらぬ速さで敵を攻撃し、一瞬ののちには次の攻撃に備えてもとの姿勢に戻っている。土地の人は「ハブに咬まれる」とはいわずに、「ハブに打たれる」と表現する。ハブは地上でも樹上でも活動するので、思わぬ方向から攻撃される。しかも2頭いるときもある。小鳥の巣を採ろうとして木に登ったところ、それを狙っているハブに気づき、その1頭にばかり注意していたために、別にいたもう1頭のハブに咬まれた例もある。手足以外の場所に咬傷を受けると、致命的となることが少なくない。手足でも切断しなければならなかった例もある。

◆ハブは怖がりすぎぐらいがちょうどよい？

　沖縄のやんばる地方にある森で、小さなワナ、いわゆる「ネズミ捕り」を仕掛けて、ネズミやモグラの類を採集したことがある。いろいろ歩き回ってワナを仕掛ける場所を丹念に探し、一番獲物がかかりやすいと思った渓流沿いに決めたが、そんなところはハブも多い！「どうしよう……」としばらく考えたが、やはりワナをセットすることにした。用心すれば大丈夫なはずだ。

　道路から川床に降りるときは、2mほどの棒で、バサッバサッと行く手を叩く。ワナを仕掛けようとする小さな穴の入り口も棒で突っつく。その上と下の斜面のシダの茂み、左右の草むらもガシャガシャとかき回す。そしていよいよワナを穴の入り口に置くのだが、これがまた恐ろしい。2時間ほどかけ、蒸し暑さと怖さで汗だくになりながら、どうにか50個をセットし終えた。

　こう書くと相当の怖がりのように思うかもしれないが、早朝のワナの回収も怖い。生け捕り用のワナだから、獲物が中にいれば、その匂いか気配かにおびきよせられて近くまでハブが来ているかもしれない。棒でバッサバッサあたりを叩いて安全を確認し、ワナを1つひとつ回収していく。結局、ワタセジネズミという珍しい食虫類を8匹、捕獲できた。森を抜けてくる涼しい風にあたってひと息入れ、引き上げようと流れのほうを見やってビックリした。大きくて長いハブがススーッと渓流の岩の間を抜けて行ったのだ。LD50は3.42mg/kg、ホントに出くわさなくてよかった、といまでも思っている。

ハブの採毒の様子

41位 セアカゴケグモ

Red-backed spider

刺

すでに日本に定着？
身近に怖い毒グモがいる！

■分布：熱帯〜温帯
■毒の種類：神経毒

■サイズ：約1cm(メス)、約3〜5mm(オス)
■致死量：LD50＝0.9〜4.41mg/kg

セアカゴケグモのメス　　　セアカゴケグモのオス

⚠ セアカゴケグモによる被害が相次ぐ

　いまや日本でもっとも名の知られた毒グモである。大阪府健康
医療部環境衛生課の報道資料によれば、府内では2006年から毎
夏、数件の被害が出ている。例年6〜10月に多いとされ、2018
年には、7月と8月で3人の被害者が出ている。「自宅の2階ベラ
ンダに置いていたサンダルを履いたときに、右足第三指先を咬ま
れた」など、身近な隙間や物陰にいた個体による被害が多い。こ
のセアカゴケグモは、もともと日本にいたものではなく、オース

トラリア原産のクモである。そもそもは1995年、大阪市立自然史博物館友の会の会員が9〜10月に、高石市の埋立地で見かけないクモ2匹を発見し、同会長が鑑定した結果、セアカゴケグモのメスとわかったことに始まる。さらに日本蜘蛛学会の会員らが発見場所周辺を調べたところ、道路の側溝などからオス、メスあわせて約70匹と卵約20個が見つかったのだ。

⚠西日本を中心に見つかっていたが……

このクモは単なる毒グモではない。体は小さくて毒の量は少ないが、マウスへの皮下注射でLD50 = 0.9mg/kgと、かなりの毒性がある。棲息地である東南アジアやオーストラリアなどの熱帯域からの船の積み荷などにまぎれて上陸したとみられている。蜘蛛学会では「大阪湾沿いに定着の可能性がある。見かけないクモには触れないように」と警告し、大阪府に血清の準備を要請した。そして早速、調査に取りかかったのだが、翌々日には臨海部を中心にした半径約1.5kmの地域に広がっていることが判明。墓地、幼稚園や小学校の花壇、スポーツセンターや公園のプールなどから見つかり、さらに北側の堺市でも発見され、捕獲されたクモは約150匹にのぼり、累積の捕獲数は約240匹に達した。

翌日には堺市の府営浜寺公園で約800匹見つかったのをはじめ、南隣の泉大津市、忠岡町でも確認された。これで合計1000匹を超え、棲息範囲は大阪府南部の南北約7kmの臨海地域に広がっていることがわかった。11月29日には三重県四日市で223匹、関西空港で140匹発見！ ちょっとしたパニックとなった。

12月に入って大阪府立公衆衛生研究所は、毒性試験結果を発表し、「強い毒性を持つものの、毒液の量が少ないので、咬まれても重症にはならないと考えられる。しかし、幼児、心臓病の人、

老人は注意が必要」という趣旨の考察を行った。

　そして25年以上が過ぎた。2010年ごろまで西日本を中心に分布していたセアカゴケグモは、すでに44以上の都道府県で発見されている。物流網を利用して広がり、もう日本産クモのような顔をしているのだ。

❹ なぜ棲みついたのか？

　熱帯、亜熱帯性の毒グモが、日本になぜ棲みついたのか……いくつかの意見があるが、温暖化が1つのポイントになっている、という見方は一致している。ナガサキアゲハ、イシガキチョウなど暖かい地域にしかいなかった昆虫の棲息分布が、ここ10年ほどで急速に北上している。暖冬が続いた程度では、棲息分布は広がらないが、昆虫や小動物の分布北上は日本が温暖化している証拠、ということだ。こうした点からも、この毒グモも簡単に日本に棲みつくことができたのだ。生態系に与える悪影響はもちろん問題だが、個々の人々も普段から毒グモなのかそうでないのか、しっかりと見分ける力を養う必要がありそうだ。

セアカゴケグモが見つかると、
近くに巣や卵のうがあることも
多い。駆除が必要

40位　スズメバチ

Wasp

刺

1度刺されて死ぬことはないが
「アナフィラキシーショック」に要注意！

▍分布：汎世界　　　　　　　▍サイズ：種類や性別により異なる
▍毒の種類：混合毒　　　　　▍致死量：LD50＝2.5mg/kg

オオスズメバチ

⚠毒そのものよりもショック症状がコワイ

　スズメバチはごく普通の大形のハチである。ところがハブなどの毒ヘビよりも怖い存在であることはあまり知られていない。毎年たくさんの人々が刺され、数十人が死亡している。2019年7月には新潟県で草刈りをしていた男性が刺されて死亡、9月には島根県で校外学習中の生徒たちが刺されて重傷1人含む11人がけが、

10月には和歌山県の山道で男性が多数に100カ所を刺されて死亡、といったように、毎年多くの痛ましい事例が報道される。事故が起きるのは7月から11月が多い。夏にスズメバチは巣を拡大し、秋は翌年の新女王バチが育つので、巣や女王バチを守ろうとする働きバチが敏感になるからである。

スズメバチの毒はLD50が2.5mg/kgであり、1匹では毒の量もたいしたことはないが、怖いのは**アナフィラキシー**（「無防備」の意）と呼ばれるショック症状である。アレルギー症状の一種で、1度ハチに刺されるなどして抗体がつくられた体が、再度ハチに刺された場合などに過敏に反応して起きる急性のショック症状だ。血圧の低下、重度の場合は呼吸困難や血液循環障害などを起こし、死に至ることがある。山に入るときは、黒や青の服装は避けるべきだとされ、万一刺された場合は、「刺された部位から毒液を素早く絞り出す」「毒は水溶性なので水で洗い流す」「すぐに病院に行く」が基本的な対処法とされている。

⚠ 人里では「巣」を駆除しないと危険！

スズメバチが人のよく通る通路などの頭の上に巣をかけたら、これは早目に取り除く必要がある。夏の時期、巣はみるみる大きくなって、あっという間に直径30cmを超えてしまう。そういう巣を取り除く場合、周りに枝などの邪魔物がなく、開けていれば比較的簡単である。巣まで届く脚立、大きな厚手のポリ袋、小さな懐中電灯、ガムテープ、それと大ぶりの殺虫剤を用意する。そして、夜を待つ。巣の除去は真っ暗闇で行うのが一番安全である。スズメバチは昼行性だから、夜は目が効かないからだ。とはいえ、街灯の薄明かりがあるから要注意である。巣に振動などを与えれば、スズメバチは飛び出してくる。従って作戦は静かに

素早く遂行されねばならない。万が一に備えて、手袋やマスクをして防虫ネットを顔からかぶる。素肌はすべて隠す。

　息を殺して、巣のある木の幹に手をかけずに、脚立に上る。そして、巣にポリ袋をすっぽりとかぶせるのである。そして、巣の入り口の部分とポリ袋の入り口の部分を合わせ、いつでも閉じられるようにして、そこから一気に殺虫剤を吹き込むのだ。殺虫剤をたっぷり入れないと、ポリ袋なんか咬み破って出てくる。ガスがなくなるまで、指先の感覚がなくなるほど思いっきり続ける。そして、ピタッとポリ袋の入り口を塞ぎ、ガムテープでガッチリ巻いて空気が入るのを遮断する。こうして翌日まで置いておけば「一件落着！」である。

⚠ 「ヒメ」でもスズメバチ類には要注意

　スズメバチの巣の位置がわかっているときはよいが、災難は突然やってくる。西表島にはヒメスズメバチという種類がいるが、5名の大学生が調査で森に入ったとき、この種に刺されて大変な騒ぎになったことがある。5名は1列縦隊で道なき森に入って行った。各自が小型のナタを持っており、先頭の者が薮を切り開きながら進んで行った。真ん中にいた学生の前に直径が7〜8cmの低木があり、手持ちぶさただったので軽い気持ちでその幹をナタで叩いた。ところがすぐ上にスズメバチの巣があったからたまらない。ブーンと攻撃部隊の先頭が飛び出すと、全員が出動する。スズメバチは四散し、あらゆる方向から学生たちに襲いかかった。見通しがまったくきかない森の中で、突然、首だの顔だのをバシバシ刺された学生たちはパニックに陥った。彼らはハブの恐怖も忘れて、てんでばらばらになって、森の中を滅茶苦茶に走った。

　結局、一番多く刺されたのは先頭を進んでいた学生で4カ所以

上、痛みで顔は真っ青、ボコボコに変形していた。スズメバチの攻撃を誘った学生は皮肉なことに無傷だった。ともかく痛そうなので、調査を中止して診療所に駆けつけた。あいにくの日曜日だったが、医師はいた。出てきて、その学生の顔を見てひと言。「小便でもかけとけ」と笑いながらいった。アレルギー反応が起きなかったから幸運だ。ともかく、自分では悪いことをしていなくても、突然スズメバチには襲われることがあるということである。

ヒメスズメバチ（*Vespa ducalis*）

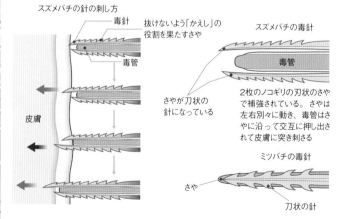

スズメバチの針の刺し方

毒針

抜けないよう「かえし」の役割を果たすさや

毒管

さやが刀状の針になっている

皮膚

スズメバチの毒針

毒管

2枚のノコギリの刃状のさやで補強されている。さやは左右別々に動き、毒管はさやに沿って交互に押し出されて皮膚に突き刺さる

ミツバチの毒針

さや

刀状の針

39位 シドニージョウゴグモ

咬

Sydney funnel-web spider

オーストラリア都心に現れる、シティー派の猛毒グモ

▌分布：オーストラリア

▌サイズ：約3.5cm

▌毒の種類：神経毒

▌致死量：LD50＝2.50mg/kg

シドニージョウゴグモ

写真：Ken Griffiths/iStock.com

⚠️性犯罪の原因として訴えられた毒グモ??

2007年のことだ。オーストラリアのニューサウスウェールズ州地裁で、男が女性を誘拐したうえ、性的暴行を加えた事件の裁判が開かれた。DNAによる鑑定結果などを受けての「有罪！」に、一件落着！ と誰もが思っていたが、予想外の展開となった。被告の男は、これらの犯罪行動が**シドニージョウゴグモ**に刺されたことによるものだと主張したというのだ。誘拐と暴行の事実につ

いては認めたのだが、ジョウゴグモに刺され、その毒によるウィルス性疾患が、同犯罪を引き起こしたと語ったのだ。誰が考えたのか知らないが、あまりに無責任というか、最悪の展開となった。ジョウゴグモにとっても想定外の出来事だったに違いない。

⚠ シドニージョウゴグモの出没場所と分布

　ジョウゴグモは体長約3.5cmとちょっと大形で、確かに性質が攻撃的であり、咬む力が強く牙から注入される毒は強烈である。動き回るのは人間が苦手とする夜間であり、しかも住宅の裏庭はもちろん、プールサイドやさらには屋内にまで侵入し、靴の中や洋服の中に隠れたりするから、世界一危険なクモの1つとされるのである。濡れ衣を着せられるような行動ばかりしているのだ。

　名前に「シドニー」とあるように、分布はオーストラリア最大の都市を中心とした地域である。そんな街の中を歩き回って、一体彼らはどういうつもりなのだろうか？　シドニーはもともとクモたちの棲息地で、人間がやってくる前からそのあたりの森林に棲んでいたといってしまえばそれまでで、あまり文句はいえないが、まさか咬みつく人間を探しているわけでもあるまい。実はそのクモはオスであり、夏から秋にかけてはメスを探して徘徊しているのである。

⚠ その毒の正体は？

　普段、彼らは涼しさと適当な湿気のあるところにいる。丸太や岩の下の安全な場所に穴を掘って棲んでいる。そして、その穴の周辺に網を張りめぐらせている。その糸の1本にでも触れようものなら、たちまち飛び出してくる。近くを通りかかるカブトムシのような甲虫、ゴキブリ、小さなトカゲ、カタツムリ、時には

小鳥やネズミを襲って食う。この際、猛毒は重要な狩りの道具になっているのである。

　この毒は**ロブストキシン**と名づけられた強烈な神経毒で、LD50は平均で2.50mg/kgだ。オスが猛毒の持ち主で、メスや子供の毒はそれほど強くないらしい。その毒が人間の体に入ると、まずは猛烈な痛みが走り、やがて筋肉の攣縮（れんしゅく）、発汗、流涎（りゅうぜん）、頻脈（ひんみゃく）といった特徴ある症候群を引き起こす。つまりは心臓麻痺が起こることがあるのだ。毒に含まれている酵素の1種が細胞の間の組織を破壊して、毒の侵入を早めるという。坑毒血清が開発されるまでは、子供の死者が多かったが、現在ではそのような惨事は起こっていない。

⚠注目の判決結果は……

　さて、冒頭のオーストラリアの性犯罪者がどうなったのかといえば、法廷には生物学者や毒物学者も登場し、毒グモに刺されることが怒りや強い嫌悪感の原因となることを示す医学的根拠はないと証言した。そして同被告は、1997年に起こしたこの女性の誘拐・暴行事件について有罪になり、2007年10月31日に懲役8年の実刑判決を受けた。裁判に毒グモが登場する珍しい事件だった。

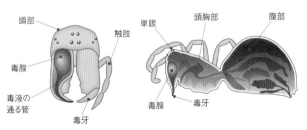

毒グモの頭部と毒牙のしくみ

38位 ペルーオオムカデ

咬

Peruvian giant centipede

壁やテントを這いまわる荒くれ者、刺されないように注意！

■ **分布**：南アメリカ

■ **毒の種類**：混合毒

■ **サイズ**：約20cm

■ **致死量**：LD50＝2.05mg/kg

ペルーオオムカデ

写真：skifbook/shutterstock.com

🔺 実際のアシは100本もない

　運動会にはよく「むかで競争」なる種目がある。お互いの足をひもで結んで横一列になり、あたかも「足がたくさん」ある1匹の生きもののように走る。互いの歩調が乱れると転ぶからひどい目に遭う。本物の**ムカデ**のほうも確かに「百足」と書くように、足がたくさんある。先頭にはもちろん頭があって、アンテナ（触角）が2本出ており、口があり、あとは小さな節が鎖のようにつながって体ができている。その節の1つひとつから左右に足が出ている。

52

厳密にいえば足は100本もなく、オオムカデの仲間で21対、計42本ある。世界におよそ3000種があるが、一般人には頭部が赤いか青いか、大きいか小さいかの違いくらいしかわからない。どれも顎などに毒腺を持っており、チリ産のオオムカデなどは巨大で、30〜40cmもあり、子供が首などを咬まれると死亡する。熱帯地方で、夜中に喉が乾いて水を飲んだらムカデが入っており、喉を噛まれて窒息死した例もある。飲み込んだり、鼻孔から入り込んだりしたムカデが原因で、長い間下痢や苦痛を訴えた例なども知られている！

▲南アメリカ産ムカデの毒性は飛び抜けて強い

　なかでもブラジル、エクアドル、コロンビア、ペルーに分布するペルーオオムカデ（ナンベイオオムカデ）は20cmあまりだが、猛毒である。LD50は平均で2.05mg/kg、ちょっとした毒ヘビよりも強力だ。日本にもトビズムカデやアオズムカデ、タイワンオオムカデなど15〜20cmのものが何種かいるが、LD50は4〜7mg/kg程度で、南アメリカ産に比べると毒性はやや弱い。とはいえ、咬まれたら相当に痛い。咬まれた箇所が腫れ、時にはリンパ腺炎が起こり、発熱することもある。時には手当てが悪いと、潰瘍そして壊疽を引き起こすこともあるから、用心するにこしたことはない。

　ムカデはこの毒で昆虫やクモ、カエルやネズミなどを殺して食う。気が荒く、出くわすと反射的に人に向かってくることもある。

一番後ろの足（写真左）を振り上げて威嚇するペルーオオムカデ。頭がどちらかわかりづらくなる効果も　　写真：Tod Baker

❹ ムカデの生命力はかなりスゴイ

　新潟の山奥で日が暮れてしまい、干上がったダム湖の底で野宿をしたことがある。砂地でテント用の黄色いシートをかぶって寝ていたのだが、夜中にシートの上を「ザザーッ」と何かが走る音で目が覚めた。するとシート1枚はさんだ顔の上にオオムカデがいた。月の光で、シルエットになったのだ。オオムカデがたくさんの足を動かしてせわしそうに顔の上10数cmのところを横切っていった。じっとしていたが、シートの端まで行ったら、今度はこちらに潜り込んでくるかもしれない。オオムカデは物陰、石の下などが好きだからだ。足音が消えた途端、跳び起きて探したが、オオムカデはどこに消えたのか、見つからなかった。その日はもうそこでは眠る気がしなかったのを覚えている。

　また、沖縄の西表島でネズミ類の採集をしているとき、セットしたワナが1つなくなった。バチンとはさむ式の軽くて小さなワナだが、20gくらいはある。さんざん探し回ったところ、5mほど離れたところで、苔むした石と石の間にはさまっているのを見つけた。ワナがかすかに動いていた。なんと、**タイワンオオムカデ**がかかっており、ワナを引きずって、そこまで歩いてきていたのだ。足がいっぱいある生き物は、簡単には参らないのである。この生命力の強さもあって、いまでもオオムカデは苦手だ。

　だが、オオムカデをペットとして飼育する人は少なくないらしい。京都をはじめ、各地でムカデは毘沙門天の使いだとされ、ムカデを殺さなかったと伝えられている。それはともかく、ペットにしてもいいから、くれぐれも逃がさないでほしいものだ。

タイワンオオムカデ　写真：Jean and Fred

37位 ガブーンバイパー

Gaboon viper

刺

体格・毒牙・咬みつき、いずれもメガトン級の大物!

■分布：中央アフリカ〜南アフリカ
■毒の種類：出血毒
■サイズ：約1.2〜1.5m
■致死量：LD50＝2.0mg/kg

ガブーンバイパー

写真：GlobalP/iStock.com

▲屈強な待ち伏せタイプの毒ヘビ

あまり聞きなれない毒ヘビだが、ガボンバイパー、ガボンクサリヘビ、ガボンアダーなどとも呼ばれるように、中央アフリカのガボンを中心に分布しているクサリヘビの仲間だ。クサリヘビの仲間は2つに分けられ、1つはこのバイパー類で赤外線センサー（ピット）を持たない。もう1つはこれまでに登場してきたマムシ、ハブ、ガラガラヘビなどから成る、赤外線センサーを持つピットバイパー

類である。

ガブーンバイパーはやや旧式の兵器しか備えていないということになるが、それなりにものすごい体を持っている。全長は平均120〜150cmで、最大で2mほどだから、日本にいるハブよりは小さい。が、まずは森林内の地表に積もる落ち葉そっくりで、まったく目立たない。動きは鈍く、人間が歩いて接近していってもまったく動かないことさえある。まれには踏まれても咬みつかない個体もいるという。それほどだから、たいていは咬まれてからガブーンバイパーの存在に気づくほどなのである。彼らはそうやってネズミや小鳥などの小形鳥獣といった恒温動物を待ち伏せているのだ。

❹体格はヘビー級、毒牙も長くて強い

それから体が太く、体重も重い。全長183cmの個体で体重11kg、174cmで8.5kgの記録がある。頭が三角形なのはクサリヘビ類共通の特徴だが、毒牙が長い。いま述べた183cmの個体では、5cmもあったという。キングコブラでも1cmだから、長大だ。クサリヘビ類としては珍しく、彼らはいったん咬みつくと5秒ほどだが獲物が死ぬまで離さない。この咬みつきに長い牙は有効で、獲物の体内深くに十分に毒液を注入し、ほとんど即死状態にするのである。だから獲物から断末魔の反撃を受けることがほとんどない。

そして毒の強さである。一説にインドコブラの5倍の強さといわれる。単純計算するとLD50 = 0.05mg/kgとなるが、詳細に研究した報告によれば、LD50は0.8〜5.0 mg/kg(静脈)、2.0mg/kg(腹腔)、5.0 〜 6.0 mg/kg(皮下)ということである。体重70kgほどの人間の致死量は60mg以下、学者によってはわずか14mgとも35mgともいう。

また、ひと咬みで出る毒の量も多い。専門家は、全長が125〜155cmのガブーンバイパーなら、乾燥重量にして200〜1000mgの毒を持っており、ひと咬みで450〜600mgの毒が注入されるだろうとみている。実験的に毒をすべて抜き取っても、およそ1カ月から1カ月半で毒の再貯蔵を完了する。

主成分は出血毒だから、相当の痛みを伴う。咬まれるとみるみる腫れてくる。もちろん激しい苦痛が起こる。あとは人によって、あるいは咬まれ方によってさまざまで、動作が鈍くなったり、排便・排尿してしまったり、舌とまぶたが腫れたり、全身の痙攣、そして意識を失う人もいる。血圧の低下、不整脈、呼吸困難に陥る場合もある。少しでも坑毒血清が遅れれば、死に至ることも珍しくはないのである。

特徴的なガブーンバイパーの頭部　写真：Isiwal

❹ ヘビ嫌いは生まれつきじゃない

アフリカのガブーンバイパーが棲息する地域には、チンパンジーやゴリラなどの大型類人猿が分布している。類人猿はヘビを見つけると大騒ぎする。無毒のヘビをチンパンジーに向かって投げると、大声を上げて飛びのく。生きていようが死んでいようが関係

ない。ヘビが危険なことを知っているのだ。チンパンジーの群れのリーダーは棒切れを振り回したりしてヘビを退治しようとする。これは本能的に、つまり生まれたときからヘビが危険な動物だということを知っているわけではない。子供のころに母親や群れの仲間がヘビに対してとる態度を学ぶからなのである。

　よく人間はヘビを本能的に嫌い、これは原始時代にヘビの恐ろしさが身に染み付いたから遺伝子的に嫌うのだ、といわれることがあるが、これも同じ理屈でおかしい。母親あるいは周囲にいる人がヘビを見ると大騒ぎをするので、子供は「ヘビは危険なもの」と刷り込まれるのである。その証拠に、飼育下で何も知らないチンパンジーの子供にヘビを見せると、ほとんど警戒せずに好奇心を持って接近していき、ヘビを調べようとする。人の赤ちゃんも同じである。親のすることを忠実にまねれば、少なくとも親の年齢までは安全に生き延びることができる。生きものには親あるいはそばにいる仲間のまねをする、という本能があるわけだ。ゴキブリ嫌いも同じなのである。

ガブーンバイパーの分布

36位 キングコブラ

King cobra

まさに王者の風格、いわずと知れた世界最大の毒ヘビ

- 分布：東南アジア～インド
- サイズ：約3.6～4.6m
- 毒の種類：神経毒
- 致死量：LD50＝1.86mg/kg（腹腔内）
  LD50＝1.7mg/kg（皮下）

キングコブラ　　　　　写真：tontantravel

◬大きさでヒトとタイマンを張れるビッグスネーク

　世界に900種ほどいる毒ヘビの中で最大のものが**キングコブラ**、「王」である。全長3.6～4.6m、最大で全長5.7m、体重9kgに達し、鎌首をグーッともたげた臨戦姿勢になると、その顔はほとんど人間の顔と同じ位置にくるのだから、でかい。「シューシュー」という噴気音を発し、コブラに特徴的な頸部のフードを広げて攻撃姿勢をとる。そして積極的に飛びかかってくる。

　キングコブラの毒牙は、口を開くと同時に立ち上がる可動式のハブやガラガラヘビなどのクサリヘビ類の毒牙とは違って、い

つも立っている。長さは10mmほどと比較的短いが、咬んだ相手に大量の毒液を注入する。毒の種類は主として神経毒であり、LD50は腹腔内注射で1.86mg/kg、皮下注射で1.7mg/kgと強い。運が悪ければ即死する強さだ。普通咬まれると激しい苦痛があり、視力障害、めまい、眠気および麻痺がすぐに起こる。それから神経に作用がおよび虚脱が現れ、やがて昏睡状態に陥る。最後に呼吸ができなくなり、激しくもがきながら死に至る。ひと咬みで人間は死亡することが多く、死亡率は75％に達する。キングコブラはゾウをも倒すといわれるが、ゾウは急所を咬まれた場合だ。鼻先などの軟らかな部分を咬まれると、たいてい3時間以内に死亡する。

キングコブラの頭蓋骨。牙が確認できる
写真：Mokele

❹ キングコブラの主食はヘビ

とはいえ、キングコブラは人間やゾウを食うために咬むのではない。彼らの主食は実に、ヘビなのである。毒ヘビ、無毒ヘビ関係なく捕食する。それからトカゲや鳥や小形哺乳類をも食べる。彼らはヘビ類でよくあるように、先端が2つに分かれた舌で獲物の匂いを捉える。二叉の舌は、匂いの方向を定めるのに役立つ。追跡に移り、獲物に近づくと鋭い視覚を働かせ、獲物が出す振動を感じ取る。実験によれば、キングコブラの目は100m先の獲物を発見するという。それから攻撃に移るのである。毒はほかの毒ヘビと同じく消化を助ける。

　東南アジアからインドにかけての熱帯林に棲息しているが、日本でも捕獲されたことがある。2001年9月、香川県の丸亀市内の工場に迷い込んだことがあるのだ。全長およそ2m、ちょっと大きめで、休憩室の床を這っていたという。警察に連絡したが、誰もキングコブラだとは思わなかったらしい。

　大汗をかいてようやく捕獲に成功し、高松市の栗林公園動物園で鑑定してもらったところ、なんと！　猛毒を持つキングコブラだというのだ。「もし、咬まれていたら……」とビックリ仰天。専門家は「咬まれれば即死しかねず、十分注意してほしい」と話した。キングコブラがこの1匹だけという保証はなく、警察では付近に注意を呼びかけるチラシを配布したという。

　輸入木材に紛れ込んで運ばれてきたのか、ペットとして飼育されていたものが逃げ出したのか（まさかと思うだろうが、実際にペットとしていた人もいるのだ）。なお、日本では2020年6月から、コブラ科全種について、愛玩用に買うことが禁止されている。

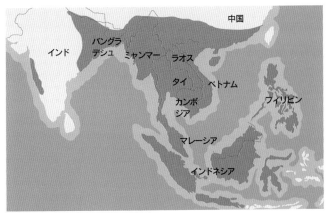

キングコブラの分布

世界でも珍しい、毒牙を持つトカゲ

▌**分布**：北アメリカ南西部　　▌**サイズ**：約60cm以上

▌**毒の種類**：神経毒　　▌**致死量**：LD50＝1.55mg/kg

ヒラモンスター

写真：vaclav/stock.adobe.com

⚠ 毒を持つトカゲは世界に3種類のみ

トカゲは世界に約3000種いるが、毒を持つトカゲはわずかだ。まずは、ヒラモンスター、別名アメリカドクトカゲと、メキシコドクトカゲの2種。どちらも北アメリカ南西部の砂漠地帯に棲んでいる。インドネシアのコモド諸島にだけ棲息する世界最大のトカゲ「コモドドラゴン」も有毒だと考えられている。長い間、その口内にいる細菌が人体に入って敗血症を起こすとされてきたが、われわれが調べたかぎりでは、人間の口内よりもはるかに清潔で雑菌などもなかった。現在では、メルボルン大学の研究により、

溶血作用がある成分「ヘモトキシン」を持っていることが判明している。

さて、溝牙というのは牙の根元から先端に溝があり、歯茎などでつくられた毒液がそこを流れ、獲物に注入されるしくみなのだが、ドクトカゲのは変わっている。牙は口の上下の両側に数本ずつあり、前方のものは大形のナイフ状で、毒ヘビとは違って毒腺は下顎にしかないのだ。毒ヘビのものはすべて上顎に毒牙がある。毒腺は牙の根元にいくつかあって、それぞれが管を通って、下唇と歯茎の間の溝に開いている。毒はこの溝に流れ出て、溝牙の溝を毛管現象により、重力に逆らって伝わっていき、獲物に注入されるのである。唾液などとともに口から出てしまうこともあり、効率はよくない。

ドクトカゲは普段の動作はのろいが、捕らえられると急に活発になり、「シューッ」と音を発して威嚇する。時には少量の毒液が白い泡状となって口中に出てくるが、牙がそんなしくみだから、興奮すると洩れてしまうのである。

溝

ヒラモンスターの毒牙

⚠ 毒が回るまで咬みしめ続けるモンスター

しかも彼らは毒ヘビのように飛びかかることはしないので、毒の威力を十分発揮させるためには、咬みついてもしばらくの間、顎でがっしりと万力のように咬みしめているか、パクパクと何度も咬み直さなければならない。毒牙が折れてしまうことも多いが、下には次の毒牙が準備されているから、問題はない。

ドクトカゲの毒は神経毒で、咬まれると毒ヘビの場合と同じような症状を起こす。LD50は1.55mg/kgと強力だが、ともかく全

長60cmを上回り、体重も1.4kgを超え、丸太のように大きくて、目立ち、動きが鈍い。

　ドクトカゲは、1年のうち長い乾季を砂の中の穴で過ごし、雨季になってやっと外に出てくる。活動はほとんど夜にかぎられている。動きの鈍いドクトカゲは、走り回る獲物を捕らえられないので、もっぱら鳥類や爬虫類などの卵を食べるが、ほかに鳥のヒナやネズミ類の子、カエルなども捕らえる。卵を食べるには、頭を持ち上げて殻を砕きながら中身を飲み下すか、地面で割った殻から、流動食を摂るときの要領で、舌で中身を舐めて流し込む。毒牙は暴れまわる獲物を鎮めるのに有効だ。

❹ ヒラモンスターの毒が糖尿病の治療薬に！

　夜行性で性格もおとなしいから、人間が被害に遭うことは稀なようであるが、かつては被害者もいたらしい。50年ほど前の報告では、被害のあった34例のうちの8例が致命的であった。ただし、この死亡例の大半は、病気だったか、あるいは酒に酔っていたという。酔っ払って捕まえようとでもしたのかもしれない。

　1992年、ヒラモンスターの唾液に含まれる毒などから「エキセナチド」という成分が見つかり、これでつくられた糖尿病治療薬がアメリカで2005年に認可された。その薬は「バイエッタ」と名づけられ、患者の血中のブドウ糖値（血糖値）を調整するのに使われている。ヒラモンスターの分泌物には、インスリンの分泌を促すホルモン「GLP-1」とよく似た作用があり、分泌されたインスリンの働きで糖がエネルギーに変われば、血糖値は下がる……というしくみだ。1日2回注射のバイエッタに続き、週1回注射の「ビデュリオン」が開発され、現在の日本ではいずれも使用されている。

　生物毒の研究が重要だということがよくわかる。

34位 ニホンマムシ

Japanese mamushi

小ぶりで可愛いヘビだが、ハブよりも毒は強力！

咬

▌分布：日本
▌毒の種類：おもに出血毒

▌サイズ：約40〜75cm
▌致死量：LD50＝1.5mg/kg

ニホンマムシ　　　　　　　　　　　　　写真：Alpsdake

⚠ **街中にも出没するもっとも身近な毒ヘビ**

　日本の毒ヘビといえばハブとマムシ。マムシことニホンマムシは、北海道から本州・四国・九州、屋久島などの大隅諸島まで分布することもあって、もっとも有名だ。マムシの毒性はハブよりも強いが、全長40〜75cmと比較的小さいためにあまり危険視されない。が、危険であることに変わりはない。そして山や原野だ

けでなく市街地にも現れるので、ときどき被害者が出る。毒はおもに出血毒で、神経毒は少ない。毒の強さLD50は1.5mg/kgという値だが、被害は咬まれた箇所によって大きく違うと考えられる。日本では年間2000～3000人が咬まれており、うち死亡者が10人弱といわれる。

2019年10月には、東京都大田区にあるマンションにマムシが現れ、騒動となった。大雨の影響で川から逃げてきた可能性があるという。このときは住民が捕獲して事なきを得たが、捕まえようとして咬まれる事例もあるので、油断は禁物だ。

玄関先で「まむし酒」をつくろうとして咬まれたらしい事故もある。2007年7月、神戸市北区で男性（87歳）が自宅玄関前で倒れているのを発見されたのだが、男性のそばには空の焼酎瓶が転がり、体長約50cmのマムシ1匹がいた。右手人さし指にヘビに咬まれたような痕があり、病院に運ばれ、約2時間半後に死亡した。

マムシ酒。生きたまま漬け込む方法が主流だが、くれぐれも取り扱いには注意　写真：時事通信フォト

❹ マムシは上からも降ってくる！

マムシ毒は口で吸い出してもあまり効果はなく、虫歯などがあるとそこからも毒が入るとされる。咬まれた箇所はかならず腫れる。10分後くらいまでに、腕が腿の太さくらいにまで腫れることもある。内部で血液や血管、その周辺の組織が破壊され、リンパ液や血液が皮下に漏れ出しているのだ。これが少しずつ全身に広がっていく。皮下出血や吐き気が起こり、二次的に麻痺が発生する。ともかく近くの病院か保健所などへ行くしかない。

ある年の真夏、足摺岬に近い海岸でニホンカワウソの調査をしていたときのこと、いつものように沢に水を飲みに行った。滝の脇の岩角に両手でつかまり、流れ落ちる水に首を突き出して、ゴクゴクと飲み干していた。ひと息入れようと、口を水から離して直立姿勢に戻ったとき、上から何かが落ちてきて足元に転がった。口を拭いながら足元を見てびっくりした。大きなマムシがもがいているではないか。こいつは頭めがけて襲いかかったのだが、タイミング悪く目標がなくなってしまい、落ちてしまったのだ。

それにしても危なかった。慣れていた水飲み場だったので、まったく警戒していなかった。首なんか咬まれたら一巻の終わりだ。道路に出るまで1kmは歩かねばならないし、途中には高さが40mほどもある海岸段丘がある。運がよかったとしかいいようがない。

マムシは、と見ると、急いで逃げようとしている。急な崖だから登れずに、慌てている。彼は涼しい流れの脇でくつろいでいたのに違いない。そこへヌッと人間の頭が出てきたものだから、思わず攻撃してしまったのだろう。マムシがマゴマゴしている間に、大急ぎでカメラを取ってきた。何枚か撮影したころには、ようやく登りやすい個所を見つけて去っていった。

❹ もしマムシに咬まれたら

　さて、万が一、咬まれたらどうするか……。咬まれても、まず慌てないこと。毒の回りは遅い。体力の弱っている老人、体の小さな子供を除けば、落ち着くことが大切である。心臓の拍動が上がれば毒は体内にそれだけ速く回る。そして、病院なりに向かうのだが、腕などをあまり強く縛らないこと。強く縛ると組織への血液が遮断され、酸素不足が加わるので組織が死ぬのが加速される。10分に1度くらいは、ひもあるいは帯をゆるめて血液を流し、再び軽く縛るようにする。

　その場でやってはいけないことは、咬傷箇所をナイフなどで切開して、毒を出そうとすることである。切っても出るのはほとんど血液だけで、毒は微々たるものだといわれる。むしろ切開した傷の痛みが増し、化膿する危険性が高まる。最悪の場合は破傷風、敗血症、ガス壊疽といった別の原因で死んだり、四肢の切断に至ったりする。また咬傷箇所を冷やすのもよくないといわれている。

落ち葉や枯れ木、茶色い石などの背景にも溶け込みやすいマムシ

33位 ミノカサゴ

Luna lionfish

刺

タッチ厳禁、きれいなヒラヒラには要注意！

■分布：熱帯地域
■毒の種類：混合毒

■サイズ：約10〜40cm
■致死量：LD50＝1.1mg/kg

ミノカサゴ

Ⓐ体の各所に毒を持つ美しい魚

ミノカサゴが美しく長い鰭を広げて優雅に泳ぐ姿は、まるで海中を漂う花か蝶のようだ。観賞用にされるわけである。だが、背中に沿ってひらひらしているリボン状の背鰭の中に、恐ろしい毒を注入する棘が隠されている。小さな棘まで入れると背鰭に13本、腹鰭に2本、そして尻鰭に3本もある。ヤマアラシのように全身が棘で守られているようなもので、さらに毒があるのだから

要注意だ。

　ミノカサゴは夜行性で、明るい時間帯は岩の下や間などに潜んでいる。海藻の中でじっとしているときは、体を走るシマシマ模様がからまり合う海藻と似ているので見分けがつかなくなる。うっかり触れようものなら一瞬で刺され、激痛に襲われる。見つけてちょっかいを出すと、毒に自信があるのか鰭を広げて彼らのほうからゆっくりと接近してくるから、不気味である。

⚠ 突き刺さると毒液が出てくるので触らないこと！

　鰭の間にある毒棘は、普段は外皮鞘（がいひしょう）と呼ばれるさやで包まれているが、ものに突き刺さるとこのさやが破れて毒液が注入される。LD50は静脈注射で1.1mg/kgと強力だ。潜っていてパニックになると危険であり、人間が死んだ例もあるといわれる。無事に海面に上がってきても、患部は赤く腫れ上がり、指などは曲がらなくなる。そしてめまい、発熱、発汗、頭痛、吐き気などを催す。ひどい場合には手足の麻痺や呼吸困難なども伴う。

　患部をきれいな水で洗い流し、刺された部分から毒を搾り出し、棘が残っているようなら抜き取る。ガラス質で透明なのでよく観察しないと見落とす。この毒は熱に弱いので、火傷しない程度の熱いお湯に30分〜1時間ほど浸していると痛みが治まってくるともいわれる。顔や腕、大腿部などを刺された場合は、ビニール袋に入れた温湯を患部にあてるわけだ。ともかく温めながらでも、少しでも早く病院などに向かったほうがよい。放置すると壊疽などが起こり、最悪の事態となりえる。

⚠ ミノカサゴの毒は防御のため？

　ところで、ミノカサゴ類はいずれも毒棘を持っているが、この

毒の意味、行動学的な面はあまり知られていない。オスもメスも背や腹に毒棘を持っているのは、1つには天敵からの防御の意味がある。繁殖期のオス同士の戦いにだけ使われるものは、ほとんどがオスにだけ発達するものだ。ミノカサゴの場合、この武器は、繁殖期におけるオスにとっても重要なことがわかっている。

　かつて三宅島で長年にわたって研究活動をされた海洋学者のジャック・モイヤー先生は、ミノカサゴに近縁なキリンミノの行動観察を行い、繁殖期にメスをめぐって激しく争うときに毒棘は重要な働きをすることを発見した。産卵期に入って下腹部が卵でふくれ体色が変化したメスが現れると、大小さまざまなオスが集まるが、大きな1匹のオスが比較的簡単にメスを獲得する。長い時間をかけた産卵が終わると、そのオスはまた別の成熟した卵を持つメスを探すが、メスをめぐるオス同士の戦いがもっとも生じやすいのはそんなときである。それぞれのメスにはすでにある程度決まったオスがいるからで、2匹の大きなオスが遭遇すると、互いに威嚇し合う。胸鰭を前方に伸ばして回転させて、鰭を外側に押し出し、体を大きくする。これで決着がつかないと、突然一方のオスが攻撃を開始する。それを受けてもう一方のオスも反撃する。攻撃するオスは背中の毒棘をライバルに刺そうとして、尾鰭を頭上に投げ出すような動きをする。

キリンミノ

❹ ミノカサゴ同士の争いにも毒が使われる？

　特に興味深いのは、ミノカサゴの仲間の毒はほとんどのサンゴ礁魚類にとって致命的なだけでなく、ミノカサゴの仲間に対しても非常に強い毒性を持つ、ということだろう。繁殖期の戦いの敗者は、最長で2週間ほとんど動けなくなり、その間、徐々に体を回復させる。強さを誇るオス同士が戦い、一方が傷ついて休むのだから、1つの区域が空くことになる。すると小さな弱いオスに繁殖のチャンスがめぐってくるというわけだ。

　強いものだけが遺伝子を残せるのではなく、小さなものにもチャンスはあり、こうしたことが遺伝的多様性を保てる1つの要因となっていると考えられるのである。

ミノカサゴ。泳ぐときや小魚を集めるとき、威嚇するときなどに鰭を広げる

32位 ブラリナトガリネズミ

Short-tailed shrew

咬

可愛いトガリネズミにも猛毒がある

■分布：北アメリカ
■毒の種類：おもに神経毒

■サイズ：体長約7.5〜10.5cm
■致死量：LD50＝1.0mg/kg

ブラリナトガリネズミ　　　　　　　　　写真：Gilles Gonthier

⚠ ハブよりも怖い、尖ったネズミ？

　毒を持つ哺乳類なんて聞いたこともないかもしれない。が、意外にも何種かいるのだ。イギリスでは古くから食虫類のトガリネズミは有毒であるとされ、マムシなどの毒ヘビよりも恐ろしいといわれてきた。1947年になって、北アメリカ産のブラリナトガリネズミの顎下腺からの分泌物、すなわち唾液の毒性は非常に強く、マウスやカイウサギに注射したところ、時には死亡することが判明した。近年では、1匹から得られた毒が200匹のマウスを殺すのに十分であることがわかってきた。LD50は実に1.0mg/kgであ

り、確かにマムシよりも強力である。野生では彼らはカタツムリ
や甲虫などを貯蔵することもよく知られているが、このときに毒
を用いるらしい。また、繁殖期のオス同士がメス、あるいは縄張
りをめぐって争うときにも用いられるらしい。日本にもトガリネ
ズミは何種かいるが、おそらく有毒だろうといわれている。

⚠ カモノハシにも毒がある！

　毒のある哺乳類の中でもっともよく知られているのはカモノハ
シかもしれない。オーストラリアの水辺に棲み、カモのようなく
ちばしを持った、卵を産む単孔目の哺乳類である。そのオスの
後ろ足には鳥のような「蹴爪」があって、毒ヘビの牙と同じく毒
液を注入する器官となっている。長さは約1.5cmで、内部は中空
になっており管が通っている。その管は後ろ足の付け根のほう
にある毒腺につながっている。敵に捕まえられると、回し蹴りの
ような一撃で蹴爪を相手に打ち込む。その毒は強力で、イヌく
らいの大きさの動物だと呼吸と心臓が停止して死亡することも
ある。人間でも死ぬほどの苦しみを味わい、運が悪ければ死ぬ
ことさえある。

　オーストラリア国立大学のテンプル・スミス氏は、カモノハシ
から採取した毒液0.05mLを自分の腕に注射して、毒液の効果を
調べた！　もちろん、致死量を知ったうえでの人体実験だが、結
果は「猛烈に痛かった」そうである。

　もう1つ、カリブ海のキューバ島とヒスパニョーラ島に棲息す
るソレノドンという食虫類が有毒であることが知られている。非
常に原始的なのだが、顎は驚くほどよく動き、有毒な唾液を分
泌することが知られている。ソレノドンは上顎の第1門歯と下顎
の第2門歯がきわめて大きく、下顎の第2門歯の内側に深い溝

があり、根元に毒腺が発達しているのだ。咬みつくと毒液は歯の溝を伝って流れ出て、相手の体内に侵入していく。その毒は、飼育下のソレノドン同士が喧嘩をして、軽い傷を受けただけでも生命に関わるほどだ。

❹ 哺乳類が毒を持っていたワケは？

　トガリネズミ、カモノハシ、ソレノドンといったものたちは、いずれも原始的な哺乳類である。古いタイプのものが毒を持っているということは、かつて哺乳類は毒ヘビのように獲物を毒牙によって仕留めるのが主流だった名残なのかもしれない。2005年のこと、カナダ西部の6000万年前の地層で発見された化石哺乳類は、犬歯に毒液を導くためとみられる細長い溝があった、というのだ。犬歯にこのような構造を持つ現生の哺乳類は知られていない。

　その後、肉食獣は獲物を捕殺するのに毒ではなくスピードとテクニックを競うようになり、ネコ科動物のようなハンターが成功してきたのだろう。毒を注入して獲物が弱るのを待ち、それから止めを刺し、食う……というのん気なことをやっていたのでは、せっかくの獲物を横取りされてしまい、毒はあまり役立たなくなり、すたれたに違いない。毒ヘビのような冷血動物は省エネタイプだから、獲物を多少横取りされても空腹に耐える能力があるが、活発に動く温血動物は、頻繁に効率よく獲物を食う必要があるのだろう。

　捕食だけでなく、防御にも毒が使われているということがわかってきた。最近になって原始的な霊長類である**スローロリス**が、上腕にあるリンパ節から毒素を出しているのがわかった、というのだ。スローロリスは舌で体を舐めて毛づくろいをするが、そこを舐めることで毒が唾液と混じり合い、全身に塗られる。飼育下

でのテストによれば、彼らを捕食するジャコウネコ類、ヤマネコ類、そしてマレーグマを撃退する効果がある、という。母親は赤ん坊の体をよく舐めるが、これも子供を保護する効果があるとみられている。

カモノハシ
写真：JohnCarnemolla/iStock.com

ハイチソレノドン　写真：Solenodon joe

スローロリス

31位 ブラジルサンゴヘビ

Brazilian coral snake

咬

美しいヘビにも毒がある？
触れずにそっと鑑賞すべし

▌**分布**：南アメリカ

▌**サイズ**：約60〜80cm

▌**毒の種類**：神経毒

▌**致死量**：LD50＝0.63mg/kg

ブラジルサンゴヘビ　　　　　　　　　　写真：William Quatman

⚠首に巻きたくなるくらいの美しさ

　サンゴヘビ、といっても海ヘビではない。英語でいう**コーラル・スネーク**（Coral snake）を直訳したもので、体が大変鮮やかで華麗であり、黒色・赤色・黄色（または白色）の帯模様が鎖状に連なった模様で染め分けられサンゴを連想させる、ということで名づけられた。女性ならあまりの美しさで思わず首に巻きたくなるかもしれない。ネックレスの起源はサンゴヘビではないかと思うほどだ。およそ50種あまりがおり、北アメリカ南部から南アメリカの熱帯や亜熱帯の森林や乾燥地帯などまで棲息する。いずれ

も赤、黄、黒などの鮮やかな帯模様を持ち、斑紋は種によって
わずかずつ色帯の幅や縁どりが異なる。

　みんなよく似た柄を持っているので見分けにくいが、いずれも
強力な毒の持ち主である。そのサンゴヘビ類の中でもっとも強
烈な毒を持つと古くからいわれているのがブラジルサンゴヘビだ。
毒液量は50〜200mg（乾燥重量で約60mg）とされ、サンゴヘビ
類としては多いほうだ。コブラ科で神経毒だから、動物には効く。
最少致死量でいうとトップであり、LD50は0.63mg/kg。多くは全
長60〜80cmだが、1.5mに達するものもある。

❹ 毒量が少ないとはいえ油断は禁物

　この猛毒ぶりだと、もろに咬まれたら即死する。が、実際に
咬まれて死ぬ人はほとんどいないらしい。それは毒ヘビにしては
小形で口が小さく、1対の毒牙は口の前にあるが短く、性質も
温和だからだ。サンゴヘビは夜行性で、昼間は石や朽木やコケの
下に隠れているが、雨の降る日や曇りの日には昼間でも活動する。
人間は昼に外を出歩くことが多く、その間サンゴヘビは隠れて
いるので、人間が踏みつけることはめったにないし、また頭が小
さくて、大きく口を開けても人間の足などに咬みつくことは難
しい。彼らに咬まれた報告のほとんどは、不注意に彼らを手に
持ち、指などを咬まれるケースである。

❹ サンゴヘビの恩恵に与る知恵者ヘビたち

　面白いのは、サンゴヘビにそっくりでもまったく無毒のサンゴ
ヘビモドキ、あるいは口の奥の毒牙から弱い毒を出すニセサン
ゴヘビがいることだろう。これらの骨格などをよくよく調べてみ
るとコブラ類ではなく、普通のヘビ科なのである。この現象をあ

る学者は、猛毒のサンゴヘビに似ていることで生き延びる「擬態」
だという。サンゴヘビ類の鮮やかな色彩は自然の中ではよく目
立つから、「猛毒サンゴヘビですよ！」と天敵に嘘をつくわけだ。
美しい模様は「警戒色」ということになる。天敵はおもに鳥類で
あるから、本物のサンゴヘビに似ていないものはどんどん食われ、
やがて毒がなくてもサンゴヘビに似たものだけが残っていく……
このような説を唱え
た人にちなんで「マー
テン擬態」という。

ナミヘビ科に属するシナロアミ
ルクスネークもサンゴヘビに似
ている
写真：Bernard DUPONT

❹ サンゴヘビがほかのヘビをまねたという逆の説も？

しかし、逆の考え方もある。擬態のモデルはむしろ毒の弱い
ニセサンゴヘビのほうであって、猛毒種のサンゴヘビこそがそれを
まねたようなものであるという。つまり、敵が死んでしまうよう
な致命的な毒の持ち主よりは、不快な経験を敵に持たせる程度
の弱い毒の持ち主のほうが、天敵たちに記憶され、警戒色がよ
り有効となってくるからであるとする。

いずれにしてもサンゴヘビは夜行性だから、派手な色彩は夜間
には目に留まらない。夜間にサンゴヘビを見て敵が危険だと悟
るのは無理のように思える。いったい、美しくも派手な輪模様
にはどのような意味が含まれているのか……決定打はない。とも
かく猛毒であろうが無毒であろうが、この美しいヘビを見つけて
も、決して触れないことだ。

30位 オニダルマオコゼ

刺

Stonefish

うっかり踏んでしまう
海辺の要注意生物

▌**分布**：インド洋や太平洋西部の熱帯海域　　▌**致死量**：LD50＝0.2 mg/kg（静脈）
▌**毒の種類**：混合毒　　　　　　　　　　　　　　　　LD50＝0.8 mg/kg（皮下）
▌**サイズ**：約35cm

オニダルマオコゼ。写真右の割れ目が口　　　　　写真：Julie Bedford, NOAA PA

❹ 保護色で見えにくい厄介な毒魚

　世界でもっとも有毒な魚類は、インド洋や太平洋西部の熱帯海域に棲息する「ストーン・フィッシュ」と呼ばれる**オニダルマオコゼ**類である。特にそのうちの1種、**ホルリダオニダルマオコゼ**は巨大な毒棘を持っている、とされる。髭(ひげ)の棘に神経毒があり、手で触ろうものなら即死する恐れがある。

　LD50は静脈が0.2mg/kg、皮下が0.8mg/kgである。

　オニダルマオコゼ類は岩礁やサンゴ礁の背景に溶け込む体を持っている。彼らは特に半分死に絶えて砂に埋もれかかったサンゴにそっくりな色合いをしている。この目立たなさが人間を危険にさらすことになる。一般にオニダルマオコゼ類は、背中に沿って13本の棘を持っている。その棘には背に1対ある毒腺から毒がきている。リーフのあたりを歩いたり、リーフ近くで泳いだりする人は、オニダルマオコゼに気づかずに、その上に手や足をかけることになる。波打ち際から深いところまで、砂場・岩場を問わず小魚さえいれば、そこにはオニダルマオコゼがいると考えたほうがよい。

　専門家でもなかなか気づかない。だが、注意してよく見ると、彼らは直前に威嚇して、触ったら危ないぞという信号を発していることが多い。普段寝かせていた背鰭を立てるのだ。もっともこれは刺す態勢に入ったともとれる。が、ともかく、波打ち際の浜辺をジャブジャブと裸足で歩いていて刺されることもあるから、そんなときは背鰭を立てたかどうかなんてわからない。

オニダルマオコゼ。このようにわかりやすいところにいるとは限らない

❹海の中で麻痺するのが危険なのだ

　毒棘に触れた途端、毒棘は皮膚深く突き刺さり、毒液が注入される。すると強烈な痛みに耐えられず、盲目同然となる。海中にいた場合もっとも危険なのは麻痺による虚脱状態である。意識不明となり、周囲が海であるだけに危険なのだ。傷の周辺の筋肉は腫れ上がり、腫れは痛みとともに全身に広がっていく。痛みというものは文字で書いてもなかなか伝わらないものだが、何しろ"ものすごく"痛いというしかない。皮膚をスーッと浅く引っかかれただけでも、2～3分で痛みを感じる。深く刺された場合には、その瞬間に"ガーン"とくる。視界が真っ白になるくらいだから、相当だと考えてよい。"ズキズキ"した痛みで冷や汗が流れ、体は"ガクガク"と悪寒で震える、という。

　砂浜の浅瀬を素足で歩いていた人が刺されたことがある。刺された人の話では、「右足親指にチクッと何かが刺さった。ウニでも踏んだかと、足を上げて見れば、親指外側に浅く長さ1cmくらいの内出血した線があった。かなり強烈な痛みを感じたので何度も血を押し出したが、2～3分するとビリビリと完全に毒の痛みに変わった」という。原因はオニダルマオコゼで、「痛みはふくらはぎから太股へどんどん広がり、30分もすると親指は腫れ上がり、痛みは足全体に広がった。1時間もすると足の付け根のリンパ腺が腫れ始め、数時間後には足首から先はパンパンに腫れ上がり、サンダルも履けなくなった」のだ。普通には歩くことはできず、「ようやくのことで家にたどり着き、傷を消毒し痛み止めを飲んだ。3日間、同じ状態が続き、4日目から腫れが少しずつ引き始め、1週間で親指の腫れだけになった」のである。半年後にようやく完治したらしいが、最初の消毒がとても重要だったことがわかる。

⚠魚の棘には毒があることが多い

　オーストラリア血清研究所ではずいぶん前から解毒剤を開発しているが、最近では日本でも準備してあるようだ。それよりも、応急処置として、まず人工呼吸が必要である。そしてできるだけ早く抗血清を打たなければならないわけだが、血清がくるまでの処置が肝心である。耐えがたい痛みを和らげるために、傷のある手足を熱いお湯に浸けるか、温湿布する。痛みと毒で死ぬことがあるのだが、死亡した例では痛みで心不全を起こしたことがわかっている。毒の強さよりも、痛みによる死を避けねばならないのである。一般に魚類の毒は胸鰭や背鰭などの棘にある。棘は鰭を支える硬い骨状突起である。全体が均一の構造で、節で分かれてはいない。普通、各鰭の前方に発達するが、イワシやニシンなどの比較的下等な魚にはまったく認められない。

　よく棘が指などに刺さると、非常に痛むことがあるが、これは棘を包む表皮の中に毒腺があり、棘が刺さったときに、表皮が破れて毒成分が流れ出るためである。毒ヘビのように、棘に毒液を注入する溝などがあるわけではない。**ゴンズイ、オニオコゼ、アイゴ、ミノカサゴ**などは、みんなこのような毒を持っているので注意しなければならない。

ゴンズイ

オニオコゼ

ブラジルで勢力を広げる、生命力も毒も強いスコーピオン

▌分布：南アメリカ

▌毒の種類：神経毒

▌サイズ：約3.5cm

▌致死量：LD50＝0.43mg/kg

ブラジルキイロサソリ

写真：José Roberto Peruca

⚠交通の発達に便乗して勢力を拡大してきた新興勢力

　ブラジルキイロサソリ（英名：ブラジリアンイエロースコーピオン）は、南アメリカのブラジルで大問題となっている猛毒サソリだ。特にサンパウロ州では、その数が増加しており、地元の新聞にもしばしば登場する。もともとはサンパウロやリオデジャネイロの北方のミナスジェライス州に分布していたもので、そこでは1987年から1989年までの3年間に6018件の刺傷事故が発生しており、

うち92人が死亡したという猛毒の持ち主なのである。LD50は0.43mg/kgと強烈だ。レンガ造りの古い倉庫などに潜んでいる。

　ところがこのサソリ、1982年ごろからサンパウロで見かけるようになったもので、ミナスジェライス州からトラックや列車によって運ばれる木材などにまぎれてサンパウロ州にやってきたものとされる。その増殖ぶりはそれほどすごいとは思えず、メスは卵胎生で一生のうちに70匹くらいしか子を産まないのだが、20年足らずのうちにその存在が脅威として広く知られるようになってきた。

　ブラジル国内で刺された人は2000年だと約1200人だったが、2018年には約14万人にのぼっている。2017年に被害に遭った人は約12万6000人、死者数は184人と報じられた。

　サンパウロ州に限らず、ブラジル東部・南部の広い地域、そして北部の一部の州でも見つかっている。森林破壊が進んだ結果、都市部にキイロサソリが進出したともいわれている。

ブラジルキイロサソリの毒針
写真：Isis Medri/stock.adobe.com

⚫毒の強いサソリが先住サソリを駆逐？

　なお、サンパウロにはもともとブラジルクロサソリ（英名：ブラジリアンスコーピオン）という種が分布していた。これもかなりの毒性を持ち、LD50は1.38mg/kgである。しかし1980年代になってからキイロサソリに駆逐され、次第に少なくなっているという。

毒性の強さによって縄張りや勢力も決まるらしい。

どちらも神経毒で、刺されると激しい痛みと吐き気をもよおす。子供や高齢者は、特に注意する必要がある。サソリは殺虫剤ではなかなか死なない。普段の心がけが重要となってくる。薪など木材を積み上げておかないこと、彼らの食糧となるゴキブリなどの昆虫を駆除すること、日中は壁などの隙間、机などの引き出しの中、洋服の間や敷布の間などにも潜んでいるので注意すること、などが求められる。

サソリの生命力は強く、放射能に対する耐性はヒトの100倍で、水がなくても数カ月生き、食物がなくても18カ月も生き延びることができるのだ。だが猛毒サソリにも天敵はいる。それは鳥類だ。フクロウなどが有名だが、ニワトリがサソリを好んで食べるということで、駆除対策として飼う地域や家もある。

サソリに刺された場合、患者を迅速に保健所または救急病院に連れていくことが大切で、刺された腕または足の付け根を縛るなどの措置を講じることが重要である。

日本人にはサソリといえば砂漠の生きものというイメージがあるが、ブラジルのサソリは湿気を好むようで、日本のムカデに近いようである。いずれにしても、湿気の多い場所には注意、ということのようだ。

ブラジルクロサソリ

28位 オオヒキガエル

Cane toad

噴

動きがのんびりしているから？
自己防衛のために毒を持つ

▋分布：アメリカ、日本ほか　　▋サイズ：約9〜16cm

▋毒の種類：複合毒　　▋致死量：LD50＝0.42mg/kg

オオヒキガエル

🄰 ヒキガエルの毒は日本でもおなじみ

　ヒキガエルといえば、「ガマガエル」、たんに「ガマ」、あるいは「イボガエル」などと呼んでいたカエルだ。悪ガキどもでも「触るとイボができるぞ」と警戒していた。確かにこのカエル、乱暴に扱われると目の上の耳腺から白いミルク状の毒液を飛ばす。それが目に入ると大変な痛みを味わうことになるのだ。ガマの中でも有名だったのが「筑波山の四六のガマ」。「四六のガマ」とは

指が前足に4本、後ろ足に6本あるガマのことで、普通のガマはそれぞれ4本、5本だから、後足の指が1本多いことになる。ガマの後ろ足には、陸上歩行への適応として親指のさらに内側に指状突起があるから、指が6本……といえなくもない。このガマを鏡張りの箱の中に入れると、やがて「タラーリ、タラーリ」と汗をかくように耳腺から毒液を流し始めるのだそうだ。この液をかき集めたものが「ガマの油」であり、切り傷に抜群の効果を発揮するという……。

　ともかく毒液は、目の上方、後頭部にある耳腺や皮膚にある腺から分泌される。大形の種では足にも毒腺がある。ブフォトキシンと呼ばれるこの毒には数種の成分があるが、1つはブフォニンと呼ばれるアミン系の毒で、これには幻覚作用がある。もう1つはブフォタリンなるステロイド系の毒で猛毒である。ブフォトキシンは口腔や粘膜に付着すると、心筋や神経中枢に作用し、小動物は参ってしまう。それもそのはず、ブフォタリンの致死量LD50は0.42mg/kgである。イヌなどがくわえると、経口的に毒が作用して死ぬか、相当苦しむことになる。ひどいものは口から泡を吹いてひっくりカエル。人間でも目に入ったら、眼科医に駆け込んで洗浄してもらわねばならない羽目に陥る。

ミルク状の毒液を出すオオヒキガエル
写真：Click48/iStock.com

筑波山で売られている「ガマの油」。現在はグリセリンなどを使った、肌荒れ防止クリームに

❹ ヒキガエルの中で最強の猛毒を持つ「オオヒキガエル」

このヒキガエルの仲間に体長20cmにもなるオオヒキガエルがいる。中央アメリカや南アメリカ北西部に棲息し、耳腺から猛毒液を捕食者の目や口に向けて1mも飛ばせる。現地では農業害虫や時にはネズミまでも食べるので、「これはいい！」ということで、熱帯から亜熱帯に位置するさまざまな地域のサトウキビやパイナップルなどの畑に移入された。ただ、ペルーの農夫の中にはオオヒキガエルの卵でつくったスープを飲んで死んだ人もいたというのに、「食べるのは危険だ」ということは伝わらなかった。結果、習慣的にカエルを食べる人々がいたフィジーやフィリピンでは、オオヒキガエルを食べて死亡するという事件が多発した。

オーストラリアでも、1935年に南アメリカからつれてこられたオオヒキガエルが繁殖し、生態系をも脅かす存在となっている。そのため、政府によって駆除が奨励され、冷凍庫で凍らせるという「人道的な駆除方法」が長くとられてきた。近年では、駆除スプレーを使う方法が実践しやすく、カエルの苦痛もより少ないとされている。

日本ではいつの間にか小笠原諸島に棲息していた。いまでは琉球列島にも入り込んでいる。石垣島ではサトウキビに被害をもたらすアオドウガネムシを捕食するとして1978年に導入されたが、有毒で天敵がいないことなどから異常繁殖し、駆除が続けられているものの、現在も島のあちこちで見られるという。西表島では2000年12月に初めて、そして2007年に最後の1匹が捕獲されたと思われていた。だが、2017年に1匹が見つかり、監視は続けられている。世界でこの島にだけ棲む絶滅危惧種のイリオモテヤマネコは、小形哺乳類や鳥類のほかに、トカゲやカエルも食う習性がある。

日本にも仲間が棲息する、猛毒の小グモ

▌分布：南欧、アジア、アフリカ

▌毒の種類：神経毒

▌サイズ：9〜18mm（メス）
4〜7mm（オス）

▌致死量：LD50＝0.39mg/kg

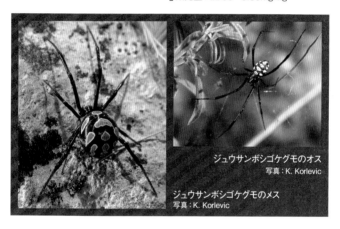

ジュウサンボシゴケグモのオス
写真：K. Korlevic

ジュウサンボシゴケグモのメス
写真：K. Korlevic

🅐 タランチュラを隠れみのに暗躍？

本書50位のタランチュラを思い出してほしい。すなわち、「イタリアの港町タラントには、体は1cm前後と小さいが猛毒のジュウサンボシゴケグモが棲息しており、咬まれてもそれに気づかず、大形のタランチュラが目につきやすいため『そいつに咬まれた！』という誤解が広まったらしい」ということを。タランチュラに濡れ衣を着せた小さなクモの実態は、いまではかなり明らかになっている。

◬ クモに咬まれて後家になる？

　このジュウサンボシゴケグモのメスは、背中に普通13個の小さ
な赤い斑点を持っていることが特徴だが、41位のセアカゴケグモ
と同じ「ゴケグモ」の仲間である。この名前の由来は、毒性が強
いため咬まれたときの死亡率が高く奥さんが後家になる……と
いうことである。もちろん日本にはもともと棲息していなかっ
たから、英名「widow spider」の訳である。しかし本当は、ゴケグ
モ類はオスの体がメスに比べて非常に小さく、交尾後にオスが
メスに共食いされることに由来するのだとの説が強いが、これは
あまりに生物学的すぎる。古くから働き手の男性が咬まれるこ
とが多いのだから、個人的には前の説を信じている。

◬ 「後家」になるとまでいわれている毒の強さは

　ゴケグモは南ヨーロッパから中央アジア、あるいはアフリカの
草深くまで、潅木の多い土地で見つかる。6月から7月に子グモ
が分散していくが、このころ咬傷が増加する。そして穀物の取
り入れ時期の秋にも咬まれる頻度が高い。LD50は0.39mg/kgで、
咬まれると最初から激痛があるわけではない。ちょっと咬まれた
箇所が赤いな、と思う程度なのだが、10〜12分後、熱とめまい
を伴う鋭い痛みが始まるのだ。やがて全身症状が現れ、各部リ
ンパ節が痛み、腹筋の硬直、さらに耐えられない痛みとともに
多量の汗、涙、唾液が出て、血圧上昇、呼吸困難、言語障害な
どが起き、適正な処置がなされないと咬まれて2〜3日中に死ぬ、
というのだから怖い。「後家」にもなるだろう。処置をちゃんとし
ても、完全に回復するまでには2〜3カ月かかるというのである。

　ここで興味深いのはLD50を測定する実験で、通常はマウスを
使っての値なのだが、本種ではゴキブリでもテストしている。そ

の結果なのだが、LD50 = 2.32mg/kgだという点だ。ゴキブリの
ほうがはるかに毒に対して鈍い、しぶとい、のだ。さすがというか、当然というか。改めてゴキブリの強さに感心するのである。

❹ 日本にもいるゴケグモの仲間

　さてここで注意しなければならないのは、ジュウサンボシゴケ
グモに非常に近い仲間に「ハイイロゴケグモ」がいるが、この毒
グモは実は日本にすでに棲みついていることだ。1995年に神奈川
県横浜の本牧埠頭のシンボルタワー内でハイイロゴケグモ約60匹
が発見されて以来、毎年、数匹から十数匹が捕獲されている。
LD50 = 0.43mg/kgだから、かなりの猛毒だ。

　ハイイロゴケグモは、棲息地の東南アジアやオーストラリアか
ら船荷にまぎれて日本にやってくるらしい。咬まれても注入され
る毒の量がわずかだから人間が死ぬことはごくまれで、抗血清が
つくられるようになってからは、アナフィラキシーショック以外
での死亡例はほとんどなくなったとされる。

　2008年には鹿児島の志布志で7年ぶりに捕獲され、このほか
東京都、大阪府、宮崎県、沖縄県などで確認されている。 環境
省では、ハイイロゴケグモを「人や農作物、生態系への影響を防
ぐため、輸入や国内移動を禁じる特定外来生物」に指定している。

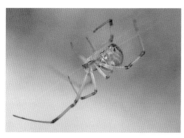

ハイイロゴケグモ　写真：incidencematrix

26位 キイロオブトサソリ

刺

Yellow fat-tailed scorpion

つけ狙われたくない、恐ろしい死のストーカー

▌分布：中東〜北アフリカ
▌毒の種類：神経毒

▌サイズ：約13cm
▌致死量：LD50＝0.16〜0.50mg/kg

キイロオブトサソリ　　　　　　　　　　　　　　　　　写真：Aaron Saguyod

🔺砂漠に潜む、太い尾っぽのサソリ

「死のストーカー（Death stalker）」とも呼ばれる**キイロオブトサソリ**（イエローファットテールスコーピオン）は、古くから人々に恐れられてきた。全長13cmにも達する大形のサソリで、音もなく忍び寄ってくるから怖い。サハラ砂漠周辺から北アフリカ、中東へと抜ける砂漠や荒地などの乾燥地帯に棲息し、バッタやコオロギなどの小動物を餌食としている。この猛毒は、腹部の後端の

尾節にある毒腺でつくられ、先端の毒針で敵に注入される。

▲1回に出す毒の量は少ないが……

　人間にとっては、この昆虫食というのが救いだ。LD50は0.16
〜0.50mg/kgという猛毒だが、1回に注入される毒量が0.255mg
と少ない。獲物に逃げられなければ十分なのである。だが、普通
の大人が死亡することは少なくても、体重が軽い5歳くらいまで
の子供では致死率が高く、死亡率は60％にも達する。毎年数人
が死亡しているようだ。アレルギー体質の人は、大人でももちろ
ん十分な注意が必要だ。

　このストーカーに刺されると、強烈な神経毒のために、喉が硬
直してきて、うまくしゃべれなくなる。それから症状は次第にひ
どくなり、大量に汗をかき始め、嘔吐し、筋肉が痙攣する。や
がて呼吸ができなくなり、死の直前には手足が真っ青に変わる。

キイロオブトサソリの全身　写真：Kmo5ap

▲日本にもストーカーが潜んでいた？

　キイロオブトサソリは日本とはまったく無縁の地域に棲んでい
るから安心だ……とは限らない。というのは、ペットとして飼わ
れていたからだ。

　2003年10月、岡山市にあるアパートの住人が飼っていたキイロ
オブトサソリ複数が逃げ出し、住民が一時避難する騒ぎがあった。
飼い主は、約50匹のサソリを飼育していたという。そして2005
年6月以降、「特定外来生物による生態系等に係る被害の防止に
関する法律」によって、キイロオブトサソリを含むキョクトウサソ
リ科の飼育・繁殖・譲渡などが制限された。

　ただ、2005年9月、岡山市内の住宅の庭で約3cmのサソリが
見つかり、届け出を受けた西大寺署が専門家に鑑定を依頼した
ところ、キイロオブトサソリだったとわかった。もしも刺された
ら、日本には血清はないから、自然に治るのを待つしかなかった
だろう。懲りない人はやはりどこかにいるのだ。

　デスストーカーではなくても、ストーカーのようなサソリは、と
きどき日本にやってきている。船荷にまぎれて上陸し、港で見つ
かった例は明治のころからあった。2006年12月には沖縄の名護
市内の衣料品店で、中国製のズボンを試着した女性が、脚のあ
たりをサソリに刺され、5日間入院している。このときのサソリは
「チャイニーズ・バーク・スコーピオン」という中国原産のものと
みられている。

　国内ではないが、近年では航空便で運ばれるケースもある。
2017年4月、アメリカのヒューストンを出てカナダのカルガリー
に向かう飛行機の中で、荷物棚から落ちてきたサソリに男性が
指を咬まれる事件が起きた。また、ネット通販も国際化が進ん
でおり、個人の荷物にサソリが紛れ込む事件が、2017年にイギ
リスで起きている。

　ともかく日本では南西諸島南部に小さなヤエヤマサソリやマダ
ラサソリが棲息しているくらいなので、サソリには無警戒だが、
用心するにこしたことはない。

25位 デスアダー

Death adder

咬

毒ヘビの多いオーストラリアで
恐れられる動きの速さ

■分布：オーストラリア

■毒の種類：おもに神経毒

■サイズ：約60〜90cm

■致死量：LD50＝0.25mg/kg（静脈）
　　　　　LD50＝0.40mg/kg（皮下）

コモンデスアダー

写真：Petr Hamernik

⚠ 名前に「デス」と付くのはだてじゃない

　動物の種に「死（Death）」なる不吉な言葉が付くことはとても珍しい。アダーはヨーロッパでいう「クサリヘビ」のことであるから、種名は「死のクサリヘビ」ということになる。だが、ヨーロッパでクサリヘビは普通、卵胎生を意味する「バイパー（Viper）」と呼ぶ。アダーとバイパー、どこがどう違うのか明らかではないが、爬虫類の専門家・松井孝爾氏は「アダーというのは、このヘビのアングロサクソン名のNaederから転訛したものと思われる」と述

べている。アフリカ産のナイトアダーや、パフアダーにも使われている。デスアダーはオーストラリア産である。オーストラリアの東部から南部・南西部にかけての沿岸部に分布している。

❹ ヒトが近づいても逃げない肝っ玉ヘビ

別名トゲオマムシと呼ばれ、顔つきはマムシ、尾の鱗が大きく、これを振って獲物のトカゲなどをおびきよせるという特技を持っている。ガラガラヘビの変形版だが、オーストラリアでは致死率が高く、もっとも恐れられている毒ヘビの1つなのである。それは1つにはデスアダーが人間の接近を察知しても逃げないことがある。人間の側で発見しないかぎり、踏みつければ咬まれる……ということになる。気が強いというか毒に自信があるというのか、獲物をおびきよせる習性があるからかもしれない。接近してくる物体があったとき逃げたら獲物は手に入らない。そして彼らは夜行性で動きが猛烈に速いこともある。オーストラリア産の毒ヘビの中でもっとも攻撃速度が速いといわれている。そして毒の強さがある。LD50は静脈内に入った場合は0.25mg/kgであり、皮下でも0.40mg/kgである。さらにはこの毒がおもに神経毒、つまり心臓や呼吸を止める作用があるのだ。

❹ 「アダー（クサリヘビ）」なのに実はコブラの仲間

それにしてもクサリヘビ類は普通、日本のマムシやハブと同じように、溶血毒とかを持つものだが、デスアダーは神経毒なのである。このヘビ、顔つきは確かにマムシに似ているのだが、実はコブラ科のメンバーなのだ。顔つきからアダーと呼ばれているが、本性はコブラなのである。これでデスアダーが恐れられる理由がわかる。ヨーロッパから入植してきた開拓者らは、このヘビに出

会ったとき、故郷のクサリヘビに似ているところから「アダー」と名づけ、その毒の強烈さから「デスアダー」となったようである。動物学者が調べると、クサリヘビ科の特徴は皆無で、コブラ科に属することが判明したのである。従って、「トゲオマムシ」という和名も実際には不適切ということになる。

❹ オーストラリアには多くの毒ヘビがいる

　オーストラリアには380種あまりの陸棲のヘビが棲息しており、そのうち25種類ほどが毒ヘビである。オーストラリアでは観光客に注意を呼びかけている。山の中をハイキングしたりブッシュの中を散策したりするときは、草むらや腐った木が倒れている陰、また落ち葉が重なった場所などでは十分な注意が必要だ。そういったところは彼らの獲物であるネズミやカエルなどの通り道なのだ。だから、必ず長めの靴と靴下を履きなさい、と。夜間にキャンプ場内を歩いてシャワーやトイレに行くときなども、懐中電灯などを持って足元を照らして気をつけるのである。1人歩きはしないほうがよいということだ。

　山の中でなくても郊外の住宅地にも出没する。ネズミなどを求めてやってくるのだが、物陰や庭に置いてある植木の陰などにむやみやたらと手を突っ込んだりしてはいけない。夜はプールで泳がない！ これも鉄則である。

　咬まれた場合は、慌てずに傷から少し離れた心臓に近いほうをひもや着ていたシャツなどで縛り、救急車を素早く呼ぶ。オーストラリアでは病院に行けば血清があるから、手当てが早ければ死ぬことはない。だから自分のいる場所を常に知らなくてはならないのである。いまは携帯電話があるからずいぶん安心だ。

24位 ヤマカガシ

Tiger keelback

噴

ヒキガエルから毒を取り込む、意外にカラフルな毒ヘビ

▌**分布**：日本、中国、台湾ほか　　▌**サイズ**：約1m

▌**毒の種類**：おもに溶血毒　　▌**致死量**：LD50＝0.27mg/kg

ヤマカガシ

⚠ 日本の田畑に棲息する気性の荒いヘビ

　ヤマカガシは日本では水田や河川近く、低山の川沿いなどに棲息し、カエル類を主食とする、ごく普通のヘビである。毒ヘビとは思えない。若い個体は全長1mほどで頭部から首にかけて赤や黄色の斑紋があって美しい。捕まえようとすると、けっこう気が強く、コブラほどではないが首の部分をやや広げ、口を半開きにして「シューッ」という音を出し、威嚇してくる。この自信は、毒を持っていることからくるらしい。

　ヘビを捕まえるときは首根っこをギュッとつかむのだが、ヤマ

カガシは首筋を強く押さえつけられると、突然、首の部分に10数対ある頸腺(けいせん)の組織が破れて淡黄色の毒液を50cmほども飛ばすのだ。これが天敵の目や口腔粘膜に付着して、痛みと炎症を起こさせる。人間の目に入れば角膜炎を起こさせ、実験的にはほかの無毒ヘビを斃死(へいし)させる。かつて国立科学博物館で、ヤマカガシを標本にするため、流しにバットを置いて作業をしていた研究員が、逃げようとしたヤマカガシの首をパッとつかんだ途端、白い毒液が飛んだ。その液がちょうど目に入ったからたまらない。激痛を感じたらしくすぐに流水で洗っていたが、油性のせいかなかなか落ちない。すぐに洗浄しないと失明することもあるというので、急いで病院へ向かった。幸い大事には至らなかったが、頸腺からの毒液がそれほどの距離を正確に飛ぶのである。

❹ ヒキガエルから毒を取り込んでいることが判明

この毒を持つしくみが明らかになったのは、2007年のことである。ヤマカガシはヒキガエルをよく食べるが、その体から分泌される毒を体内に取り込み、首の特殊な器官に蓄えて身を守るのに利用している、というのだ。米オールド・ドミニオン大学や京都大学などの日米研究チームが実験で確認した。この器官こそが頸腺で、約70年前に発見された際には機能が不明だったが、ワシなどに襲われて急所の首をつかまれた際、毒液を放出して撃退するのに使うことがわかった。

ヤマカガシの歯を調べると、普通の無毒ヘビと異なり、上顎の奥には、前方の歯列と少し間隔を置いて1〜2本、ほかより大きい歯があり、基部に耳腺の一種であるデュベルノイ腺が開いている。後牙類(こうがるい)というわけだ。腺の分泌液には出血性成分が含まれており、LD50 = 0.27mg/kgと猛毒である。ヤマカガシが獲

物と間違えて人間の指を奥歯で深く咬んだ場合など、体質や毒量によっては皮下出血や毒ヘビの咬症に似た症状が起こる。1972年に岡山県で、不幸にしてある中学生が咬まれて死亡する出来事があってから、危険性が知られるようになった。これまでに少なくとも4人が亡くなっている。

❷血清ができたのはつい最近

1999年になって厚生省(現・厚生労働省)では、ヤマカガシに咬まれたときに使う免疫血清づくりを目指した。ヤマカガシの捕獲目標は500匹。ヤマカガシ毒に対する免疫血清は試験的にはつくられていた。日本蛇族学術研究所(群馬県)が試験的にウサギやヤギに毒を注射して抗体をつくらせ血清を得たところ、これを使った11件のうち10件でよく効いた、という。が、本格生産は初めてで、血液量の多いウマを使って免疫血清を大量につくり、各地の病院からの要望に応じよう、というわけだ。

なお、サハラ以南のアフリカに広く分布する全長1.3〜1.8mの**ブームスラング**も一般的には無毒とされるナミヘビ科のメンバーだが、ヤマカガシと同じく後牙類である。樹上棲の美しいヘビで、行動は素早く、毒は強烈ときている。LD50 = 0.07mg/kgと、ヤマカガシの4倍近い。日本のヤマカガシも猛毒のオオヒキガエルを食べるようになったら、ブームスラング以上の毒ヘビに変身するかもしれない。油断はできない。

ブームスラング　写真：safaritravelplus

23位 モハベガラガラヘビ

咬

Mojave rattlesnake

消化パワーがぶっちぎり、ガラガラヘビ界で最強の毒ヘビ

■分布：北アメリカ
■サイズ：約1m
■毒の種類：出血毒
■致死量：LD50＝0.23mg/kg

モハベガラガラヘビ　　　　　　　　　　写真：ALAN SCHMIERER

⚠ ガラガラヘビの中で最強？

　ここに登場するのはサイドワインダー以外のガラガラヘビである。ようやく物を握れるようになった赤ん坊が持って遊ぶおもちゃに「ガラガラ」というのがあるが、そんな可愛らしいものを連想して命名されたのがこの恐るべき猛毒のヘビだ。その音は警告である。もっとも強力な毒の持ち主は**モハベガラガラヘビ**とされ、LD50は0.23mg/kgと猛烈で、咬みつけば1時間以内に体重100kgの人間

を殺す力がある。

その毒の大もとは消化液である。毒腺は唾液腺の変化したものであり、ジャララカ（p.25参照）を使っての消化実験によれば、毒液を注入させずにラットを食べさせたところ、消化しきるのに12〜14日かかったが、毒を使わせたところわずか4〜5日で消化しきったという。未消化の大きな獲物を腹に入れたまま活動するほど不利なことはない。彼らは必要なエネルギーを、時間をかけずに得ているのだ。毒ヘビは獲物に咬みついた直後から、つまり食べものが口に入る前から消化を始めていることになる。ブロンクス動物園での実験によれば、毒は秒速3mで獲物の体をめぐるという。

モハベガラガラヘビのしっぽ。脱皮殻が連なって残っており、これで音を出す
写真：ALAN SCHMIERER

⚠ なまなましいガラガラヘビ咬まれ体験

わが国に在住し、ヘビ研究の第一人者であるアメリカのリチャード・ゴリス博士がその著書『日本の爬虫類』（小学館）の中に、ガラガラヘビに咬まれたときの貴重な経験談を載せているので簡単に紹介させていただく。

「ある日、口の中がただれている小さなガラガラヘビを治療していた。ちょっと油断してヘビを持っていた指をゆるめたとき、ヘビは頭をねじ曲げて中指の先に牙を1本差し込んだ。牙の痛み

は別として、最初の感じはハチに刺されたような、しみる痛みだった」。博士はヘビを飼育箱に入れ、自転車で近所の小さな医院に向かう。医者は不在で、看護師が処置することになった。

　「指を縛ってもらい、咬まれた指先をメスで切り開いてもらった。そのときは、指先が腫れ上がって赤いオレンジ色になっていた。痛みは増すばかり。それに看護師が、麻酔をかけずに必要以上に深く切ったので、痛みはさらに強くなってしまった。同時に嘔吐、寒気、めまいがしてきた」。そこで、看護師に指先の毒を吸ってもらっている間に電話をかけ、咬まれてから2時間後に立川基地の病院に運ばれた。

　「中指は2倍くらいに腫れ、皮膚が裂けそうになるほど痛みは鋭くなってきた。指の付け根の関節を緊縛していた。病院では、医者は傷口を洗って消毒し、幸いにも持っていたガラガラヘビ抗毒血清と、破傷風の血清、および抗生物質を多量に注射した。ベッドに寝かされて、右腕を氷嚢で包んだ。(中略)痛みはひと晩中続いたが、血清を注射したあと、腫れは減少して指の付け根以上には進まなかった。その晩は痛みのため眠れなかったが、翌朝は痛みも減少したので食事もできた。そして病状はどんどん回復していったので、3日後には退院することができた」。

🔺 アレルギー反応にも要注意

　ゴリス氏は、それ以前にも抗毒血清を打ったことがあったために、その後、血清病（アレルギー）になり、ヘビ毒よりもその痛みのほうが辛かったこと、メスで傷口を切ったことで痛みが増し、治りが遅れたなどの理由で失敗だったこと、氷で冷やすのは壊疽を起こしたり死亡の直接の原因になったりするので不適切な処置だったこと、などを記している。

22位 タイパン
Taipan

咲

執拗に何度も何度も咬む、
その粘着質が恐ろしい

■分布：オーストラリア、ニューギニア　　■サイズ：最大約3.6m
■毒の種類：神経毒　　■致死量：LD50＝0.225mg/kg

タイパン　　　　　　　　　　　写真：John Wombey,CSIRO

⚠「毒きつい」「毒多い」「動き速い」の3拍子

　タイパンなる名は、オーストラリア内陸部に住むアボリジニーの一部族の呼び名に由来している。聞き慣れないせいか、あまり恐ろしげな名ではない。オーストラリア北部からニューギニアにかけての平地から山地の森林に分布するタイパンは最大3.6mに達する大形の毒ヘビである。

　おもに神経と血液を破壊するカクテル状の猛毒、大きな毒牙で注入する大量の毒、スピードのある攻撃力と三拍子そろった危険な毒ヘビである。たとえば長さ2mの個体から、マウス2万

2500匹を殺す分量にあたる平均100gが採毒される。LD50は0.225mg/kgであり、咬まれたらウマでも5分以内に死亡する。人も咬まれたら血清治療なしでは致命的で、ひと咬みで注入する毒の量は成人男性の致死量100人分ともいわれるのだ。

④ 執拗に攻撃を繰り返す習性はどこから？

タイパンは非常に攻撃的といわれ、普通の毒ヘビは一撃すると引き下がり相手の様子をうかがうのだが、タイパンは何度も執拗に咬むのだといわれる。だから、咬まれた傷を見ると、毒牙の痕が何個もついていることがあるのだそうだ。これこそ、タイパンの強暴とも思える攻撃性の証拠である。

この猛烈なタイパンの習性はどこから生まれたのだろうか。人間を脅かすために進化してきたわけではないはずだからである。生態系の中で、毒ヘビは独特の体と習性が進化したおかげで今日まで生きてきたのだから、無用なものはないはずである。

タイパンは森林に棲息しており、ネズミあるいはウサギに似た有袋類であるバンディクートを捕食してきた。バンディクートというのは、開けた草原や、川や沼の岸の草むら、深い藪や低木林や森林などに、単独か雌雄1対で棲んでいる。敏捷で、かつ夜行性、草むらや森林の下生えや落ち葉の下に巣をつくり、日中はその中に潜んでいる。巣は、浅いくぼみをつくり、その上を小枝や草で覆う。その覆いには土が混じっていて、周囲の状態と紛れて目につきにくい。

タイパン　写真：Bernard DUPONT

❹ すばしっこい獲物を追うため進化した

　バンディクートの巣には一定の出入口はない。どこからでも出入りし、跡をつくろってわからなくしてしまう。フクロウサギとも呼ばれるミミナガバンディクートは、地下約60cmのところに長さ1〜1.8mほどの横穴を掘り、そこに身を潜める。掘った土は穴の周りに突き固めるらしく、外には出さない。この習性は外敵、すなわちタイパンの侵入を防ごうとするものに違いない。このミミナガバンディクートは乾燥地帯に棲んでいて、37℃の温度に10分間さらされると衰弱するようであるから、地下に巣をつくるのは、その環境にも適応したものとみられる。

　バンディクートは地上を活発に走り回るが、カンガルーのように後ろ足で跳躍することはあまりないようである。ミミナガバンディクートは急ぐときは前後の足をそれぞれそろえて、交互に接地して進む。歩くときには前足を交互に、後ろ足はそろえて接地して前進することが多い。タイパンがヘビにしては猛スピードで前進するのは、獲物のバンディクートが速いからだろう。そして、タイパンは小さな獲物ならばともかく、ウサギほどもある獲物を確実にゲットするために、1度咬みついてから放し、また咬みつくという習性を発達させたに違いない。

　しかし、森林の開発により農耕地が広がるとタイパンはそこに進出した。バンディクートも進出していたからだ。沖縄でもそうだが、サトウキビ畑はネズミ類が非常に多いところでもある。タイパンは朝方や夕暮れ時の薄暗い時間帯に活動する。考えようによっては害獣から畑を守ってくれているから、大変ありがたい生きもの、ということになる。

　この猛毒タイパン、実はかなり人間の役に立っている。この毒を止血剤として活用する研究が進められているのだ。

21位 リンガルス

Ringhals

噴

自分の体の倍以上の距離まで、毒を正確に狙って飛ばすコブラ

▌分布：南アフリカほか

▌毒の種類：おもに神経毒

▌サイズ：約90〜110cm

▌致死量：LD50=0.22mg/kg

リンガルス

写真：Willem Van Zyl/iStock.com

⚠ 毒を噴射するタイプのコブラがいる

コブラの仲間は世界におよそ240種、インドから東南アジアにかけて分布する世界最大の毒ヘビ・キングコブラや、街角で笛の音に合わせるかのように踊るインドコブラなどが有名だが、コブラ類の多くはアフリカ原産である。クサリヘビ類のように頭は三

角形でなく、熱を感じるピットはなく、興奮すると体の前半部を立てて肋骨の力を借りて首のあたりを平べったく広げる。毒牙は短く、ほとんど管状だが毒が伝わる溝があり、口の前端でいつも立っている。コブラの中でも変わっているのが「**スピッティングコブラ**」と呼ばれる仲間である。直訳すれば「ペッと唾を吐くコブラ」であり「**毒噴きコブラ**」という意味である。普通、管状の牙を持つものは根元から先端に注射針のように管が通っていて毒液はそこを流れるのだが、スピッティングコブラの場合は、管は先端でなく手前で開いている。それも牙の前側に出口があるから、根元からきた毒液は前に向かって飛ぶというしくみだ。もちろん獲物に咬みついたときにも毒は注入される。

モザンビークドクフキコブラのスピッティング
写真：Steven Gilham

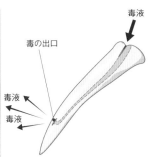

毒液

毒の出口

毒液

毒液

スピッティングコブラの牙のしくみ

❹狙いは正確、目をめがけて毒を発射！

　このスピッティングコブラの1種が、**リンガルス（リンカルス）**だ。アフリカ南部だけに分布し、全長は最大でも1.2mにしかならない。だが毒は強烈だ。LD50は0.22mg/kgである。草原が好みの棲息場所で、ヒキガエルを主食とし、そのほかネズミ類や、トカゲな

どの爬虫類を食う。毒はおもに神経毒だが、細胞を破壊する毒も含まれている。獲物を捕らえるときにはきわめて有効に働く。

では、何のために「毒を飛ばす」のだろうか？　人間など大きな動物に脅されると、得意のコブラ・ポーズをとり、相手の目をめがけて毒液を発射する。距離は2.5mも飛ぶことがあり、狙いは正確だ。毒液は多くのコブラ類と違って水状で、粘性が低い。毒牙の小孔から飛び出しやすくなっているのである。つまりは防御のために毒液を発射するわけだが、目に入った場合には大変な痛みとなる。目の周りは粘膜だから、動物は苦しんで目をひっかく。するとその傷口から毒が入っていくことになる。次第に熱が出て、眠気、吐き気、腹痛、痙攣、めまいなどの症状が現れる。

それでも敵がめげずに接近してきたら……リンガルスは最後の手段をとる。クルッとひっくり返って死んだまねをするのである。

❹ アジアにもいるスピッティングコブラ

リンガルスではないが、スピッティングコブラの1種がホテルの1室に現れたことがある。マレー半島南西部の観光都市・マラッカのホテルで、眠ろうとベッドに入ったオランダ人観光客が、枕の下に潜んでいたコブラに襲われたのだ。男性は危うく身をかわしたが、発射された毒液が右目に入り、角膜を損傷した。悲鳴で駆けつけた従業員の連絡で病院に運ばれ、事なきを得た。そのコブラは従業員によって殺された。男性は命に別条はなかったが、しばらく右目が見えない後遺症が続いたという。このコブラは、マレーシアやタイに棲息する種類のもので、体長は最大1.6mまで成長し、毒液を獲物のネズミなどに飛ばして、視力を一瞬奪い、咬みつく手口で知られている。

⚠2007年にスピッティングコブラの新種発見!

　さて、2007年のこと、アフリカ東部のケニアで全長約2.7mのスピッティングコブラが見つかり、新種であることがわかった。同種は、やはりスピッティングコブラとして知られるクロクビコブラの茶色っぽいものと思われていたが、それとは異なり、固有の種だったのである。

　毒を飛ばすコブラの中では世界最大で、その毒は人間15人分の殺傷力があるという。発見当時、動物保護団体ワイルドライフ・ダイレクトのリチャード・リーキー会長は、これ以外にも多くの未発見の種が存在することを示していると指摘。ただ、環境破壊による棲息地の消失などで、その多くは絶滅に向かっていると警告した。猛毒動物であっても、貴重な野生動物の1つ、ということである。

　ケニアだけでなく、ウガンダ、エチオピアなどに棲息するとみられ、現在はジャイアントスピッティングコブラなどと呼ばれる。

ジャイアントスピッティングコブラ　　　　　写真：Lika Ivanova(https://vk.com/lika_pxl)

20位 ラッセルクサリヘビ

咬

Russell's viper

クサリヘビ類の中で最強、インド四大毒蛇の一員！

■分布：インド、東南アジア、中国南部ほか　■サイズ：約1.2m

■毒の種類：混合毒　■致死量：LD50＝0.08～0.31mg/kg

ラッセルクサリヘビ　　　　　　写真：vencavolrab/iStock.com

▲ もっとも強い毒を持つクサリヘビ

　いよいよ最強のクサリヘビの登場である。その名はラッセルクサリヘビ、この毒ヘビを最初に記載したパトリック・ラッセル博士をたたえて命名されたものである。パキスタンから、インド、スリランカ、東南アジアを経て中国南部、台湾にまで広く分布している。幸いというか……沖縄をはじめとする南西諸島には入っていない。体は全長が普通1.2m、最大でも1.66mだから、巨大というわけでもない。だが、甘く見てはいけない。毒牙は長さ16mmもある。咬みつきの一撃は普通なら一瞬だが、咬んだ相手にぶら

下がることもあるという。毒性は強烈で、LD50は静脈内で0.08～0.31mg/kgときている。毒の生産量も相当で、成体で130～250mgから150～250mgと報告されている。全長79cmの子ヘビでも、13匹の毒量を調べたところ、8～79mg、平均45mgだというから、大の大人も死ぬ量だ。人間にとって致命的なことがわかる。

毒性は**出血毒**を主体として、**神経毒も血液を凝固させる毒**もタップリ含まれている。当然のことながら咬まれると強烈な痛みでもがき苦しむことになる。まず咬傷部分の苦痛から始まり、血圧の低下、心拍数は低下、咬まれた部分の腫れ、壊死が起こり、嘔吐、顔の腫れ……とくる。死は呼吸か心臓の停止か、傷からくる敗血症によるもので、14日以上たってから亡くなる人もいるようだ。大部分は咬まれてから48～72時間が勝負で、一説には咬まれてから1～2時間のうちに、鼻の穴の周り（鼻翼）が膨らむと……重症！ だという。

⚠ インド四大毒蛇に入る怖さ

昔はどうにもならなかっただろうが、医科学の進歩は素晴らしい。インドでは坑毒血清が準備されている。だからといって痛みがなくなるわけではない。ともかく、生きていても激しい苦痛が2～4週間も続くのである。一命を取り止めても、出血毒の作用から後遺症が残る場合が多く、手足の切断に至るケースがかなりある。本種が分布している地域ではもっとも恐れられている毒ヘビの1種なのである。インドでは「ビッグ・フォー」つまり「四大毒蛇」の一員。ちなみに残りの3種は**カーペットバイパー**、**インドコブラ**、**アマガサヘビ**（18位参照）ということになっている。それにしても、インドなどにはノイローゼになりそうなくらい、猛毒ヘビがいる！

熱帯だからこのような毒ヘビがいると思うかもしれないが、ラッ

セルクサリヘビは湿った熱帯雨林やジャングルが好きではない（いないわけではないが）。比較的開けた乾いた土地に棲息する。なかでも草原、海岸沿いの低地、丘陵地帯の比較的涼しい場所を好むというから、人間の好みと一致するではないか。これがラッセルクサリヘビによる咬傷を増やしている。彼らは主たる獲物であるネズミ類を追って、人家近くや農地に棲みつくこともある。都会化された地域ですら見かける。外で作業する人たちにとっては、特に厄介な存在だ。

⚠ 毒ヘビだって存在に意義がある

ラッセルクサリヘビはおもに夜行性だが、涼しいときには日中でも活動する。普段の動きは緩慢だが、攻撃時には素早く動く。危険を感じると体を膨らませ、「シューッ」などと噴気音をあげて威嚇するから怖い。

この世に毒ヘビなんかいてほしくない、という人も多いだろう。だが自然界に猛毒のヘビがこれほどいるという事実には、それなりの理由がある。生態系の中で、「食う・食われる」という食物連鎖を通じて、重要な役割を果たしているのである。もし毒ヘビがいなかったら、ネズミなどが大発生して農作物の食害、ペストなどの病害を受け、人間はとうてい存在できないかもしれないのだ。頭の中ではそれは理解できる……が、実際にはあまり身近にいてほしくない、というのも正直なところだ。

ラッセルクサリヘビ
写真：ePhotocorp/iStock.com

19位 エジプトコブラ

Egyptian cobra

咬

歴史的事件にたびたび登場する、超有名なコブラ

▌分布：アフリカ、アラビア半島南部　　▌サイズ：約1.5〜2m

▌毒の種類：神経毒　　▌致死量：LD50＝0.19mg/kg

エジプトコブラ。体色は暗褐色や黄褐色などさまざま　　写真：GlobalP/iStock.com

▲ クレオパトラの自殺にひと役買った名脇役

　エジプトコブラ（アスプコブラ）……といえばクレオパトラ！と単純に思ってしまう。エジプト最後の女王クレオパトラが、ローマと戦って敗れたとき、エジプトコブラに自らの胸（腕だともいわれるが）を咬ませて自殺したという「美しい話」があるからだ。1892年に描かれた「クレオパトラの死」という絵画には豊かな胸を狙う小さなコブラの姿が描かれている。

しかし、それはエジプトコブラではなく、ヨーロッパ産の毒ヘビ「アスプクサリヘビ」ではないかとの説もある。が、こっちは信じたくない。絶世の美女の死には、クサリヘビの出血毒よりはコブラの神経毒のほうがふさわしい、ではないか。コブラなら即死に近いだろう……ただし専門家は、「どちらにしても苦しいのには変わりはないが」という。

　確かにエジプトコブラの毒は激しい神経毒だ。毒量も多い。LD50は0.19mg/kg、クレオパトラの体重が45kgくらいだと想像すると、およそ9mg、毒牙が突き刺さった一瞬で死に至る。心臓に近い胸ならばなおさらだ。

レジナルド・アーサー「クレオパトラの死」（1892年）

④屈強な待ち伏せタイプの毒ヘビ

　このエジプトコブラは普通、全長1.5～2mで、最大は3m。エジプト、スーダンから南アフリカのナタールにかけて広く分布している。サバンナがおもな生活場所で、獲物はネズミ類、トカゲ、ほかのヘビ類、カエル、鳥、卵などで、ヒキガエルが好物だという。おもに地上棲だが、獲物を求めて木にも登る。

　エジプトコブラの棲息地であるエジプトやヌビアなどでは、ネズ

ミを捕食する農業の守り神として古くから信仰の対象になって
きた。それと同時に、危険な毒ヘビとして恐れられてきたわけだ。
古代エジプトの、若くして世を去ったツタンカーメンの黄金の仮
面や棺の蓋には、守護神としてのコブラが燦然と輝いている。

▲ ツタンカーメン王墓発掘の歴史にも登場

　1922年末、ツタンカーメンの王墓が発見されたが、その発掘の
際にもコブラが登場する。いわゆる「ツタンカーメンの呪い」の中
で、イギリス人のカーナーヴォン卿とアメリカ人のハワード・カー
ターがチームを組んで「王家の谷」を探索していたとき、カーナー
ヴォン卿は発掘現場にカナリアを持ち込んでいた。

　カナリアを見慣れない現地の人々は、美しい声でさえずるこの
鳥を「黄金の鳥」と呼び、幸運の象徴だと喜んだという。カナリ
アは、炭坑などで空気の状態を知るために持ち込まれるものだが、
はたしてカナリアを持ち込んで1週間ほどでツタンカーメンの墓が
発見された。

　が、そのカナリアは墓の発見直後にコブラに飲まれてしまった
のである。コブラは古代エジプトの王家の象徴であり、乾いた谷
間にそういるものでもない。現地人らはひどく怯えた。

　そして翌年4月、発見から半年も経たないうちにカーナーヴォ
ン卿が死亡した。このときから「ツタンカーメンの呪い」伝説が世
界中で語られるようになったのだ。

　死因は、発掘現場で蚊に刺された傷がもとで伝染病にかかり
敗血症で死亡したとするもの、墓の壁面についていたカビにより
病に侵されたのだとするものなどがあるが、「呪い」は当時の最
高のニュースとなったのである。現在でもその謎は解き明かされ
ていない。

エジプトコブラ。このように斑紋があるものも　　　　写真：Ltshears

リチャード・リデッカー著『世界の野生生物』(1916年)の挿絵。エジプトコブラがネズミを捕らえることは古くから知られている。なお、右奥はパフアダー

COBRA AND PUFF ADDER.

王家の谷　　　　　　　　写真：Nikater

ツタンカーメンの黄金のマスク
写真：MykReeve

18位 インドアマガサヘビ

Common krait

咬

もしも咬まれたら
治療しても死亡率50%

▌分布：インド
▌毒の種類：神経毒

▌サイズ：約1.4m
▌致死量：LD50＝0.15mg/kg

インドアマガサヘビ
写真：Vince Adam/shutterstock.com

❷ 諸説ある名前の由来

　アマガサヘビは台湾名の「雨傘」からきている。雨上がりに出くわすことが多いのか……名前の由来はわからない。英名は「クレイト（Krait）」といい、「三角頭のヘビ」を意味するヒンズー語に由来するという。しかし、アマガサヘビはコブラ類であり、首の部分にくびれはほとんどないために無毒ヘビのように見えるから、どうもヒンズー語が語源……というのも怪しい。

ともかくアマガサヘビには10数種あり、毒ヘビには見えないけれど、いずれも猛毒を持っている。なかでもインド産のインドアマガサヘビは特に強い。2〜3mgが人の致死量といわれ、ワクチンを投与しても死亡率は50％に達する。LD50は0.15mg/kgである。これはマウスが相手の数値だが、このまま体重60kgの人にあてはめると9mgとなる。だとすると、人間のほうがアマガサヘビの毒に対しては弱い、ということになる。

❹ コブラを食らう毒ヘビ

　昼間は頭を隠すように逃げ腰ながら、夜になると豹変し、非常に活発になる。野生ではもっぱら毒ヘビのコブラを含むヘビ類を食っており、そのほかトカゲや魚を捕らえることもある。攻撃性は弱いのだが、当然ながら踏みつければ咬みつかれる。棲息密度が高く、人里近辺、居住区周辺にも棲むため被害が多い。暖を求めてベッドに潜り込んでくるから、眠っていて咬まれることがあるという。

　しかもこの毒は変わっていて、激痛を伴わないので手遅れになることが多いらしい。その毒はブンガロトキシンと呼ばれ、ニコチン性アセチルコリン受容体と呼ばれるタンパク質に特異的に作用する。この受容体は運動神経や筋肉に普遍的に分布しているため、この毒を受けるとすべての筋肉の動きを止められ、多くの場合は呼吸困難に陥り、死に至るという。その特異性の高さから、神経科学研究の現場では頻用されている。

❹ ペットとして飼うような生きものではない！

　日本でも事故が起きたことがある。2001年、インド産ではないが、タイアマガサヘビに咬まれる事故があったのだ。ペットとして

飼育していたものらしい。咬まれてまもなく麻痺により呼吸が完全に停止してしまった。搬送されたのが幸い大学病院だったため、直ちに人工呼吸器が使われた。同時に、病院からの要請で、パトカーで血清が運ばれ、比較的早く呼吸が回復した。しかし、十分な呼吸ができるまで何日も人工呼吸器が必要だったという。2020年6月から、日本では愛玩目的で飼うことは禁止されているが、海外で目にすることがあっても、近づかないことだ。

　毒ヘビには、研究者であっても1度は咬まれるといわれる。それは「油断」というのか「慣れ」というのか、人間の心には長い間にはかならず「隙」が生まれるからだ。インドでは1人の爬虫類学者がインドアマガサヘビに咬まれて亡くなっている。

タイアマガサヘビ
写真：Rushen, Thai National Parks

2001年の事例では、無毒のオオカミヘビとして購入したものが、タイアマガサヘビだったという。写真はオオカミヘビの一種
写真：Rushen, Thai National Parks

❹食用として市場に出ていた毒ヘビ

　東南アジアには種類の異なったアマガサヘビがいて、毎年何十万匹も捕獲されている。現在は1kgあたり1400円ほどらしい。布袋に押し込められたアマガサヘビを大きさや色などによって分け、市場に出すのだ。その業者は軍手のような簡単な手袋だけで作業し、しかも、毒ヘビをつかむときの鉄則「首根っこを押さえる」なんていうことはしない。それは時間がかかるからで、まるでウドンをつかむかのように、ずるずると手で取り出し別の容器に入れる。思わず「このオッサン、いつか咬まれるよな～」と死に様を想像してしまう。

　ここからこのアマガサヘビはどこに行くのだろうか。実は、大半が中国に行っていたらしい。なかでも**キイロアマガサヘビ（マルオアマガサ）** は、黄色と黒の段々模様が美しく、肉も美味であるといい、広東料理では三蛇の1つとされる。**ヘビスープ**などの食材として利用され、中国語では金環蛇または金脚帯と称される。

　ただ2020年には、新型コロナウイルス感染症の原因として、武漢の市場に出ていたコウモリやアマガサヘビなど、さまざまな動物が疑われた。中国は、野生動物の取引を当面禁止し、食用利用も法律で禁止する方針だという。

キイロアマガサヘビ
写真：Rushen, Thai
National Parks

17位 オニヒトデ

Crown-of-thorns starfish

刺

大量発生するサンゴ礁の敵、無数の棘には猛毒が

▌分布：太平洋〜インド洋
▌毒の種類：混合毒

▌サイズ：約30〜40cm
▌致死量：LD50＝0.14mg/kg

オニヒトデ　　　　　　　　　　　写真：Kris-Mikael Krister

❹生えまくった棘に毒がある「海のヤマアラシ」

　見かけはごついが、猛毒を持っているとは思いにくいのがオニヒトデだ。大発生した海に潜ると、あまりにたくさんいるから、まさか猛毒とは思えないのかもしれない。だいたい10m四方に4匹かそこらくらいの密度でオニヒトデがいる。この計算でいくと1km^{2}に4万匹以上いることになる。特にオニヒトデが見あたらない正常なサンゴ礁では、1km^{2}あたり2匹から6匹だというから、普通はむしろ珍しい生きものなのである。

オニヒトデが大発生すると、ダイバーが1匹1匹捕まえて駆除している。これには大変な労力と資金が必要で、反対に放っておけばやがては自滅していくとの説もある。ともかく、大発生している海域ではこれに刺される可能性が高くなることは明らかだ。オニヒトデは円形の体から11〜18本の腕が出ている。普通は腕の端から端までの直径が30〜40cmだが、中には60cmという巨大なやつもいる。その背面には長さ2cmくらいの鋭い棘が無数に生えている。無数といってもかぎりがあるわけで、直径が26cmのオニヒトデで8080本あった……という報告もある。「海の猛毒ヤマアラシ」といったところだろうか。

❹ 症状は激痛、しびれ、嘔吐

この棘が刺さると非常に痛い。表皮の下には毒腺があり、そこに触れると毒が放出され、棘を伝って人間などの体に入るのだ。LD50は静脈注射で0.14mg/kgと非常に強い。だから棘に刺されると、まずは刺さった箇所を中心に、痛みは次第に広がる。ひどく刺されて毒が全身に回ると、胸をかきむしるようにして苦しみ、口から泡を吹いたりして死亡することすらあるのだ。その傷は治りにくく、壊死することもある。ちょっと刺されただけでも4〜5日は非常に痛む。腫れ上がり、吐き気やしびれ、麻痺の症状を起こすこともある。関節付近だと、指などが1年以上も曲がらなくなったという例もある。

オニヒトデの毒は60℃で効力を失うとされ、刺されたときは40〜45℃、火傷さえしなければ50℃くらいのお湯に1時間くらいつけておくと、痛みが失せ、治ることもある。刺さったときに折れることのある棘は完全に取り除き、消毒をする必要があることはいうまでもない。念のため病院へ行くのがよいだろう。

　幸いなことにオニヒトデは、毒ヘビのように向こうから攻撃してくることはない。彼らは普通、日中はサンゴや岩の陰の休息場所に隠れており、日没前後から活動を始める。おもに夜行性なのである。ナメクジやカタツムリのようにイシサンゴ類の上を歩き回り、自分の胃をふくらませると口から反転して出し、消化液を分泌してサンゴのポリプ（個虫）を消化、吸収していく。たくさんいるところでも彼らはお互いに距離をおいてほぼ分散している。食害されたイシサンゴ類は白い骨格だけが残り、やがて波によって破壊される。

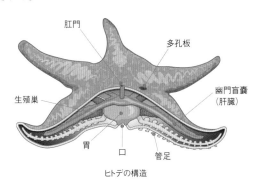

ヒトデの構造

❹異常繁殖の原因はやはり人間？

　近年、紀伊半島から沖縄諸島にかけてや南太平洋、オーストラリア、インド洋などのサンゴ礁でオニヒトデが大発生し、サンゴ礁の破壊が目に余るようになった。これを自然現象とする人もいるが、オニヒトデを食う天敵がいなくなったことが大きいのだろう。よく知られている天敵は**ホラガイ**だが、この大形の巻貝は、オニヒトデの毒棘をものともせず、食べてしまう。

　なお、オニヒトデのメスは1匹で1年に数千万個の卵を産む。卵はやがて孵化して浮遊幼生となり、数週間の間、植物プランク

トンを食べながら海中を漂ったあと、石灰藻の上に定着し、これを食べながら変態して、半年ほどで0.5mmくらいの小さなヒトデになる。8mmほどになって食物をイシサンゴ類に切り替えるわけだが、およそ2年で30cmにまで成長する。オニヒトデとて小さいうちはほとんど無防備である。オニヒトデの卵や幼生を食べる魚類などもたくさんいるはずなのだが、こうした魚類などを、人間は知らず知らずのうちに乱獲しているのに違いないのである。

オニヒトデが増えすぎると、サンゴを食べつくしてしまう　　　写真：Rore bzh

オニヒトデを捕食するホラガイ　　　写真：pclark2/iStock.com

16位 ブラックマンバ

Black mamba

咬

その巨体と猛毒、スピードで恐れられる破壊王

▌分布：アフリカ

▌毒の種類：神経毒

▌サイズ：約2.5m

▌致死量：LD50＝0.25mg/kg（静脈）

　　　　　LD50＝0.05mg/kg（皮下）

ブラックマンバ

写真：NickEvansKZN/shutterstock.com

▲馬よりも速く「にじり走る」ヘビ？

　ウマよりも速く走る……と聞いただけで、身の毛がよだつヘビだ。逃げても逃げても足が空回りする、悪夢に出てきそうな毒ヘビに思える。アフリカのサバンナに棲み、現地の人々がマンバと呼ぶ4種の毒ヘビの中でも、細く長く滑らかで灰褐色ないし黒褐色の美しいものは、口をあけると青黒いので**ブラックマンバ**という種に分類されている。最高時速は16km、いや19kmという人もいる。高速で滑るように移動するから、ブッシュだったらたちま

ち追いつかれてしまう！　世界一速いヘビであり、ヤブ地ではチーターよりも速く進むかもしれない。

❹ 馬に追いつくといわれる所以は？

　この数値、決して眉唾ではないだろう。ブラックマンバはもっとも速く動く毒ヘビで、こいつはウマにも追いつけるとさえいわれるのにはちゃんとした理由がある。これは実際に咬まれそうになった人が、ウマに乗っていたことからきているのだ。

　1906年4月のこと、ケニアに駐在していたイギリスの東アフリカライフル隊・隊長のリチャード・マイナーツァーゲン大佐が、ウマに乗ってセレンゲンティ平原を回っていた。偶然のことだが、ウマに蹴飛ばされたのか、怒ったブラックマンバがいきなり追いかけてきたらしい。彼は態勢を整えるやいなやそのヘビを射殺し、走った距離などを計測した。約43mを時速11kmで進んだ、と断定したのである。そして、マンバの全長は1.7mと小さかったから、もっと大きな個体ならば時速16kmに達しただろう、とも述べた。彼の趣味は狩猟で、1904年には20世紀最大の発見の1つ「ウシほどもあるモリイノシシ」を仕留めたことで知られる信頼のおける人物だから、ブラックマンバの速度も信頼するに足る、と思うのである。

❹ 体が大きく毒も強烈

　ブラックマンバの恐ろしさに話を戻すが、平均的に大きいときている点も挙げられる。普通の個体で全長2.5m、最大は4.5mに達する。そしてきわめつけは毒の強さだ。ブラックマンバの毒は神経毒、LD50は静脈で0.25mg/kg、皮下だと0.05mg/kmときている。ひと咬みで100〜120mgも出るらしいから、咬まれたら

最後だ。

　だがマンバは人間を食おうと思っているわけではないから、ずっと追いかけてはこない。その意味では、アフリカゾウとかライオンとかのほうがはるかに怖いのである。

　咬まれると数秒で筋肉の動きが止まり、顔の表情がなくなる。そして20分から1時間で心臓や横隔膜などが麻痺してくるから呼吸困難で死ぬ。坑毒血清が開発されているから、すみやかに打てば一命を取り止めることもある。さらに2018年、デンマークやコスタリカなどの研究者たちが、より有効で安全と考えられる抗毒素を開発し、マウスによる実験を成功させるなど、努力が続けられている。

　だが、咬まれどころが悪ければ即死に近い。いや、これは脅しでも冗談でもないのだ。

　ブラックマンバは行動が素早く、神経質で、致死性の高い毒を持ち、危険を感じると非常に攻撃的になる。世界でもっとも多くの人間の命を奪った毒ヘビともいわれるが、彼らは岩の間や倒木の空洞を巣穴とし、小形哺乳類や小形鳥類を食べて平和に暮らしているだけなのである。

ブラックマンバという名前は口内の青黒色に由来する
写真：reptiles4alll/shutterstock.com

Hook-nosed sea snake

すばしっこい魚を捕らえるために発達した毒はかなり強い

▎分布：インド洋

▎毒の種類：神経毒

▎サイズ：最大約3.6m

▎致死量：LD50＝0.08mg/kg（腹腔内）
　　　　　LD50＝0.17mg/kg（皮下）

イボウミヘビ

写真：ePhotocorp/iStock.com

❹爬虫類のほうのウミヘビが毒を持つ

　「ウミヘビ」というと、厄介なことに、魚類と爬虫類がいる。魚類のウミヘビはウナギの類で、長くてニョロニョロしているから「海のヘビみたいなやつ」ということで名づけられたのだろう。爬虫類のほうは本物のヘビだ。それも分類学者によってはコブラ科に含めるほどで、その仲間はどれを取っても神経毒を主体とする強い毒を持つ。呼吸、心臓が停止する毒である。ウミヘビには50種あまりいるから、これだけで「猛毒ベスト50」が決まってしまうほどだ。

海にまで毒ヘビにいてほしくないが、それなりに彼らは繁栄している。かつてコブラの仲間が全盛だったころ、あぶれ者は海岸の暮らしにくい場所に追いやられ、やがては海でも獲物が獲れることを経験した仲間が生き残り、次第に海での生活に適応してきたものだろう。彼らは肺呼吸で、比較的浅い海にいることが多い。だから、卵胎生のものもいるが、多くのウミヘビも海ガメと同様に産卵は陸上で行う。祖先の名残である。

▲潜水が得意で昼も夜も活動する

ウミヘビの持つ毒は、敏捷な魚類を捕らえるのに有効だ。一瞬でも咬みつくことができれば、獲物はたちまち逃げる力を失うからである。一時期まで最強の毒を持つウミヘビは、インド洋からオーストラリアにかけて分布するとされた**イボウミヘビ**だと考えられてきた。このウミヘビは泳ぐのが得意で、深さ100mも潜水でき、しかも5時間は潜っていられるらしい。彼らは日中も夜間も活動している。深海で咬まれたら急には浮上できないから一巻の終わりなので、ウミヘビに用心する必要がある。

LD50は腹腔内注射で0.08mg/kg、皮下注射で0.17mg/kgである。人間に対する致死量は1.5mgくらいとされ、陸上のコブラ毒の4〜8倍も強いとされている。しかし、1回に射出する毒の量は1mg以下なので、2匹に同時に咬みつかれなければ即死することはない、といえる。幸いなことに攻撃性は低く、地元の漁師たちにはごく普通の魚と一緒に扱われる。食用にすることも少なくないが、不用とする漁師はポイポイ海へ捨てたりするのである。

▲海の中で毒を受けるのがとても危ない

しかし油断は禁物だ。古い記録だが1957〜1964年の間に101

人（このうち漁師が80人）がウミヘビに咬まれてペナンの病院に運ばれ、このうち8人が死亡している。そのうち7人がイボウミヘビによると確認されたのだ。

　ウミヘビが危ない存在なのは、咬まれる人がたいてい海に入っていることによる。咬まれたらパニックになりがちだが、まず海から上がるのが先決である。声を出して助けを求め、陸地へ上がりながら毒を口で吸い出し、救急車を呼ぶか、呼んでもらう。ともかく安静が大切で、呼吸や心臓が止まった場合、近くにいる人はすぐに人工呼吸、心臓マッサージを行いつつ病院へ運ぶのが適切な処置だ。

❹ 日本ではエラブウミヘビに注意

　わが国でもっともよく知られているのはエラブウミヘビで、一番猛毒ではないにしろLD50は0.21mg/kgであり、ハブの20倍も強烈とされる。エラブウミヘビに咬まれた13人のうち、8名が死亡した（死亡率61.5%）との報告もある。これの毒はエラブトキシンなる独特のもので、痛みや腫れがほとんどないので逆に危険である。南西諸島の島々では、秋になると大群をなして上陸し、海岸の洞窟や岩の隙間などに産卵する。このときを狙ってウミヘビを捕獲するわけだ。

死亡率は高いが美味で、沖縄では「エラブー」または「イラブー」と呼び、薫製にして食用にするほどなじみ深い毒ヘビなのである。

エラブウミヘビ

14位 タイガースネーク

Tiger snake

咬

毒の注入量が多すぎる！
締めつけ技も使うヘビ

▌**分布**：オーストラリア
▌**毒の種類**：おもに神経毒
▌**サイズ**：約1〜1.8m

▌**致死量**：LD50＝0.04mg/kg（腹腔内）
　　　　　LD50＝0.12mg/kg（皮下）

タイガースネーク　　　　　　　　写真：Ken Griffiths/shutterstock.com

⚠ オーストラリアで恐れられる大形の毒ヘビ

　オーストラリアでは猛毒のヘビが多いため、死亡率からみた"危険度"の順位付けがかつてなされた。それによれば、第1位が**タイガースネーク**なのだ。以下、デスアダー、ブラックスネーク、ブラウンスネーク、ムチヘビ、デニソンヘビ、ブロードヘッド、ヤスリヘビといった具合で、すべてが神経毒の持ち主のコブラの仲間である。不思議なことに同じく猛毒で大形のタイパンは登場していない。

いずれにしても1位であり、オーストラリア南部に棲むタイガースネークは、全長1〜1.8m、最大で2.1mに達する大形の毒ヘビで、LD50は0.04（腹腔内）〜0.12（皮下）mg/kgと強烈である。体重70kgの人間だと、2.8〜8.4mgが体内に入ると半数が死亡する……ことになる。

　ところが人間を攻撃することはまれ、といわれるタイガースネークがひと咬みで注入する毒の量は26.2mgもあるのだ。これは多すぎだ！ といいたくなる。主として神経毒性で中枢神経系に影響するのだが、それだけでなく、筋肉破損を引き起こし、血液を凝固させる。筋組織の破損が腎不全に結び付く場合もある。人は咬まれると2〜3時間で死亡する。致死率は40％ときわめて高いのである。

トラ柄がないタイガースネークもいる。写真はオーストラリア大陸南沖の島の種で、体がオリーブ色。牙がよく見える
写真：Benjamint444

🅐 必要以上の毒を持つのは何故か

　これほど多量の猛毒がどうして必要なのか、不思議になる。繰り返しになるが、毒ヘビはあくまでも獲物を獲ったり身を守ったりするのに毒を使うからだ。タイガースネークはオーストラリア東海岸から南部、西までと広く棲息し、おもに水辺や湿地帯などの近くにいる。獲物はカエルや鳥、トカゲ、ネズミなどで、体重300gに満たないものを好む。つまりはドブネズミ大の獲物を喜

ぶわけだ。このサイズの獲物ならば、0.01～0.04mgの毒があれば十分である。

これはおそらく、ほんの一瞬でも獲物の体をかすれば、食事にありつけるということだ。逆にいえば獲物にはほとんど出くわさないから、わずかなチャンスをものにしなければならないという、追い詰められた状況から生まれた毒なのかもしれない。

ⓐ ヘビにはヘビの苦労がある

タイガースネークの暮らしぶりを見ると、生き抜く厳しさがわかるような気がする。彼らは日常的に鳥の巣を襲撃するが、高さ8mまで木に登ることが知られている。毒ヘビにしては比較的珍しいわけだが、登って行くとミツスイやトゲハシムシクイのような小鳥が大騒ぎをして警報を発するから、そう簡単には鳥の巣へは接近できない。

また奇妙なことに、タイガースネークの子供は小さなトカゲが主食だが、これを獲るために、なぜか無毒ヘビがやる全身を巻きつけての「締めつけ技」を使うのだ。成熟した個体でも大きな獲物を倒すときには「締めつけ」を使うことが知られている。ニシキヘビやアナコンダなどの無毒ヘビが常套手段にしている「締めつけ」は、獲物の胴体を圧迫して窒息死させ、飲み込める太さにするのに役立っている。毒ヘビの毒は、唾液由来の消化液だから、獲物は生きながら消化されていくので効率がよく、普通は「締めつけ」で獲物を手に入れることはない。猛毒と締めつけの双方を用いてタイガースネークは獲物を手に入れようとしているわけである。彼らは全長20cmほどの子ヘビを100匹くらい生むが、大人になる確率は1%未満！という大変に厳しい淘汰が働く世界に、生きているのである。

長い触手に毒がたっぷり、アナフィラキシー症状にも注意！

▌**分布**：汎世界
▌**毒の種類**：混合毒
▌**サイズ**：約10m
▌**致死量**：LD50＝0.05〜0.07mg/kg

カツオノエボシ

写真：IDANIA LE VEXIER/iStock.com

⚠ 軍艦や帽子に見立てられる奇抜なデザイン

「ポルトガルの軍艦」……カツオノエボシの英語での呼び名だが、奇妙である。大航海時代の初期、沖から風に乗ってやってくる強力なポルトガルの軍艦のように、それが見えたのだろう。わが国では、俗に「デンキクラゲ」と呼んでいた。刺されたときの感じが、ちょうど感電したときのようだったのである。それにしても、あまりにもセンスがない。そもそもカツオノエボシ（鰹の烏帽子）という名は、三崎や伊豆あたりの漁師が呼んでいたもので、このクラゲが沖から押し寄せるようになると、カツオも南方から黒潮

に乗って現れ、待ちに待ったカツオ漁が始まる、というわけなのだ。カツオが烏帽子をかぶっていれば、きっとそんなふうに見える、という連想があって美しい名だ。

⚠ 無数の生物が集まってできている体

　だが、実態はとなると、ちょっと違う。美しい名だ、なんて悠長なことはいってられない。烏帽子と呼ばれている部分は上部の長径10cmにも達する大きな気泡体で、浮き袋の役をはたしている。その下部から青っぽいひもがいく筋も垂れ下がっており、幹群と呼ぶ。幹群には大きな栄養体、生殖体、触手などが不規則に位置する。これらの部分はすべて別の生きもので、無数の個体が集合して1つの部分ができており、それがまた集まってカツオノエボシの体をつくりあげているのだ。触手のうち、特に長大なものが問題の主触手であり、幼体では1本であるが、老体では10本以上に増え、これを伸ばして小魚などを捕食する。触手には長さ16mに達するものがあることが知られている。

　主触手の刺胞毒は強く、気泡体を中心に直径30mあまりの範囲内は危険区域になる。刺されると非常に痛い。痕が紫赤色に腫れ上がる。触手に触れたところが、その通りに「ミミズ腫れ」を起こす。ひどい場合は水膨れ、最悪の場合はショックを起こす。

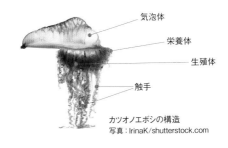

気泡体

栄養体

生殖体

触手

カツオノエボシの構造
写真：IrinaK/shutterstock.com

❹ どのように刺すのか？

　毎年、土用波が押し寄せるころ、各地の海水浴場に群れをなして現れ、被害を与える。小さな子供が刺されると、嘔吐、呼吸麻痺、そして死亡することすらある。

　腔腸動物に含まれるものは、触手と刺胞を持つ仲間で、ヒドラ、クラゲ、イソギンチャク、サンゴに代表される。この仲間は刺胞を、普通、獲物を捕らえるために使う。刺胞は刺細胞の一部で、尖った糸がピュッと勢いよく発射されるが、これは神経の制御をちゃんと受けていると考えられている。必要と認めると、そこに並ぶすべての刺細胞が同時に行動を起こすのだ。巻いていたコラーゲン質の糸が、巻きを解きながら、かつ裏返しになりながら、またある場合には糸の側面にある棘を立てながら、素早く飛び出す。刺胞は袋状で、普段は袋が裏返されるようにしてしまわれており、刺胞の中には毒が詰まっている。

　ただ、針はきわめて短いから、**Tシャツ**を1枚着ているだけでほとんど皮膚までは届かないのである。幼児を連れて海に入るときは、**ラッシュガード**などを着せたほうがよい。紫外線よけ(UVカット)にもなるから、皮膚のためにもよいはずだ。

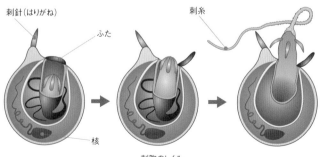

刺胞のしくみ

12位 デュボアトゲオウミヘビ

Dubois' sea snake

最強のウミヘビは
サンゴ礁も砂浜も縦横無尽

▌**分布**：オーストラリア北部沿岸～インド洋　▌**サイズ**：最大約70～100cm
▌**毒の種類**：混合毒　▌**致死量**：LD50＝0.044mg/kg

デュボアトゲオウミヘビ　　　　写真：Donovan Klein/Alamy Stock Photo

⚠ サンゴ礁に潜む怖いヘビ

　ここで最強のウミヘビが登場する。LD50は0.044mg/kgと猛烈なことはよく知られるようになった。けれども、そのウミヘビの生態などはほとんどわかっていない。かなり稀少な種であるらしいのだ。この種自体が発見されたのは1869年のことなのだが、オーストラリア北部の熱帯の海のサンゴ礁に棲息しているのが確認されたのが1970年代に入ってからで、ほとんど100年近くが経過している。

　彼らはサンゴ礁に依存して生活しており、わずか2cmほど海

水が溜まっている潮溜まりにいたかと思うと、深さ20mあまりまで潜ることもする。潮溜まりではほとんど「泳ぐ」という状態ではないが、いわゆるヘビが「蛇行」するように、のたうちながら獲物を探しているのが観察された。発見者は、「ということは、陸地に上がる可能性もゼロではない」とすでに推定していたのである。

　こうした行動が観察されたのは日中であり、このあたりでは夜のダイビングもしばしば行われていて夜間は観察されないことから、本種は昼行性だろうとされる。夜間はサンゴ礁の下や隙間、死んだサンゴが積み重なるようなところの下などで過ごしている。

そして日中活動するのだが、獲物は魚類であり、主食はウナギ類やハゼ類らしく、猛毒でひと咬みして捕獲する。

オーストラリアのウナギ
写真：Rafael Ben-Ari/stock.adobe.com

❹ 毒には毒を？　毒のあるウナギを好んで食べる

　このウナギであるが、血清には毒がある。ウナギだけでなく、アナゴやウツボにも同じような毒がある。これらは溶血性のタンパク質で、調理中にウナギの血液が目に入ったりするとひどい結膜炎的な症状となるし、指にけがでもしていたらひどい痛みを感じるらしい。もちろん大量に飲めば、死に至る。が、特に問題とされないのは、その調理法による。ウナギは焼いて食べるので、熱によって無毒化されるからである。ウナギの刺身がないのも、1つにはそんなワケがあるのだ。

　ウミヘビがこんな有毒のウナギ類を捕獲するときに、自分の猛

毒がかなり有利に働くのに違いない。

　繁殖期は夏の終わり、つまり2月から3月で、このころ腹に子を持ったメスが捕獲されている。ひと腹に平均4.5匹、2匹から6匹が観察されている。完全な成体は1mに達するが、妊娠した個体のいちばん小さなものは体長（吻端から肛門まで）が86cmだったから、このころ性成熟するものらしい。

　問題は彼らの気の荒さだが、普段はおとなしいらしく、ダイバーが何もしないのに攻撃してきた例は、これまでのところ1回だけしかなく、あとは人間の側がちょっかいを出したときで、そんなときは咬みついてくる。

❹ ヘビ毒が薬に！　咬まれても人間のチャレンジは続く

　以上がデュボアトゲオウミヘビに関する生態・習性だが、オーストラリア産のほかのウミヘビ類とあまり違いはない。

　毒ヘビの持つ毒は猛烈に研究されている。その方面からデュボアトゲオウミヘビの生態も次第に明らかになると思われるが、ヘビ毒は人間の体に起こるさまざまな病気に対して効果的だということがわかってきている。もちろん、古くから漢方などでは処方されていたが、もっと局部的な障害に対してピンポイントで効果を発揮できることがわかってきたのである。

　有名なのは、心臓血管用医薬への応用だ。毒ヘビに咬まれた動物が内出血を起こすのは、そのヘビの毒に血が固まるのを妨げるタンパク質が含まれているからなのだが、心臓発作が血液凝固で引き起こされるような場合、予防にその成分が有効なワケである。ほかにも、血圧を低下させるタンパク質の働きを利用した高血圧治療薬の開発などが知られている。最近では、ガン細胞の増殖を抑制する研究に注目が集まっている。

イースタン ブラウンスネーク

Eastern brown snake

咬

都市に進出し始めた、オーストラリア屈指の猛毒ヘビ

■ **分布**：オーストラリア

■ **毒の種類**：神経毒

■ **サイズ**：約1.5m

■ **致死量**：LD50＝0.01mg/kg（静脈）
LD50＝0.05mg/kg（皮下）

イースタンブラウンスネーク

写真：Ken Griffiths/iStock.com

◆ 世界第2位に数えられる猛毒ヘビ

イースタンブラウンスネークは陸産の毒ヘビのうち、世界第2位の強い毒を持っている。オーストラリア東部のディアマンティナ川とクーパーズ・クリークの流域に分布する本種は普通、全長1.5m、最大2.4mに達するコブラの仲間だ。その毒は神経毒であり、平均値にしてタイガースネークのおよそ9倍、インドコブラのおよそ12倍の強さとされ、1頭から絞り取った毒液が0.11gあれば、マウスを少なくとも12万5000匹は十分殺すことができる。が、

不思議なことだが、オーストラリアでは一時期まで、咬まれて死亡したという話は聞かれなかったというのだ。LD50は静脈注射で0.01mg/kg、皮下注射で0.05mg/kgであり、しかも動きはマンバほどではないにしろ、高速で気が荒いのに、である。それは1つには毒牙が3mmと比較的短いこともあるが、人間との接触がない荒れた低木林地帯に棲んでいたからだろう。

ところが2007年以降、東部のシドニー湾周辺に現れ始めた。都会での生活にも順応し、現在ではオーストラリア全域に棲息するという。個人宅のキッチンなどで見つかり、急いで駆除業者に連絡したという例も少なくない。

⚠ イースタンブラウンスネークによる咬傷事件簿

2007年1月13日（真夏）のこと、シドニー郊外のブッシュで16歳の少年が、イースタンブラウンスネークに指を咬まれたのだ。救急サービスのスポークスマンによれば、「ブッシュからクリケットの試合場までよろめきながら歩いてきた少年は、その場で心臓発作を起こし意識を失って倒れた。少年はヘビに咬まれたあと、炎天下の中、救助を求めて友人とさまよい歩いており、これが原因で毒が体中に回ったと考えられる」という。目撃者の証言では、少年は口から泡を吹き、歯茎から出血しているのがわかった、という。ウェストミッド病院で治療を受けている少年の容態は依然として危険な状態が続いた。しかし、20日になって少年は死亡した。ここ100年の最悪の事故ということになったのだ。

事故は続いた。2008年5月には39歳の男性が、いつも散歩していても出会ったこともなかったイースタンブラウンスネークにふくらはぎを咬まれ、卒倒した。救急車で運ばれる間に心臓がほぼ停止し、6時間の昏睡状態が続いた。奥さんが呼ばれ、イースタ

ンブラウンスネークによる咬傷は致命的だと伝えられた。が、彼は奇跡的に回復したのだ。医者も驚く回復ぶりで、運がよかったとしかいえない、と語った。

同月末には、某国の観光客がバスを止めて、道端のブッシュで立ったまま用を足していたところ、ペニスの先端をやはりイースタンブラウンスネークに咬まれたのだ！　だがなぜかヘビは毒をほとんど注入しなかったらしい、と救急隊員は語った。プラスチック・シートでペニスを包み、「キャプテン・クック病院」へと搬送した。彼はちょっとした吐き気と胃痛を訴えたが、病院でひと晩明かしたら、もう回復していた……というのだ。どこの国の観光客かは明かさなかったが、無事に帰国していったらしい。

オーストラリアの全国検死情報システムによると、2016年までに起きたイースタンブラウンスネークによる死亡事故は23件だという。2018年にも、タウンズビルという街に住む46歳の男性が、自宅の床下にいた個体を追い出そうとして咬まれ、死亡した。

メルボルン大学のロネル・ウェルトン博士は、毒ヘビ事故のうち5分の1が捕獲しようとした際に起きているとし、一般の人が手を出すべきではないと警告。以前より、ヘビなどの保護団体は、やたらにヘビを捕獲しないよう訴えている。ヘビと見れば、恐怖に駆られた人々は、有毒・無毒の別なく殺しまくる現実があるが、毒ヘビだって生態系の中でそれなりの役割を果たしているのだ。

人家に現れたイースタンブラウンスネーク。発見者は驚きながらも撮影　写真：Peter Firminger

10位 インランドタイパン

Inland taipan

咬

世界最恐の毒ヘビ、咬まれたら45分で死亡??

▮分布：オーストラリア

▮サイズ：約1.4m

▮毒の種類：おもに神経毒

▮致死量：LD50＝0.025mg/kg

インランドタイパン

写真：Ken Griffiths/iStock.com

⚠️**「タイパン」よりさらに猛毒**

　コブラの中で……いや、世界の毒ヘビの中で最恐！ が、この**インランドタイパン**（ナイリクタイパン）だ。オーストラリア内陸部の乾燥地帯に棲息し、1879年、発見者のマッコイは普通のタイパンとは区別したが、のちに一時期普通のタイパンと同じ種とされた。フィアーススネーク（恐るべきヘビ）と呼ばれ、怖がられた。しかしここへきて再び独立種とされるようになったものである。それだけに普通のタイパンと似たところもあるが、毒の強さは違う。内陸部には猛毒のタイパンがいると噂されてきたが、確かだった。LD50は0.025mg/kg、**神経毒**が主体で、平均的に持っ

ている毒量は44mg、最大となると110mgなのである。わずか1mg（＝0.001g）……ピンの先っちょほどの量で、1000匹のマウスを殺し、ひと咬みの量ならばマウスを12万5000匹も殺すといわれる。ほかの有名どころの毒ヘビと比べると、インドコブラの50倍におよび、ウェスタンあるいはイースタンダイヤモンドガラガラヘビの実に650〜850倍も強いのである。

　インランドタイパンは、45分ほどで大人の人間に死に至らしめる。坑毒血清なしで助かることはまずないらしい。が、実際に本種に咬まれて死亡したという、確実な報告はないようである。

　とはいえ運悪く咬まれたら……慌てずに牙の跡のあるところから少し離れた心臓側をひもで縛る。強く締めすぎると壊死するから、10分に1度くらいはひもを緩めて血液を流さないといけない。咬まれたあたりをナイフで切って毒を出そうとすると、余計に傷口を増やすことになるから、やめたほうがよいといわれている。縛ったらともかく病院へ行くか、救急車を呼ぶ。手当てが早いほど、生き残る率は上がる。

　ということは、そこがどこなのかという地理的な知識、それと歩くと危ないヤブや畑を知っておく注意深さなどは最低限必要で、単独では行動しないということも大切だろう。

❹ 決して気性が荒いわけではないのだ

　さて、インランドタイパンは、これほどの猛毒の持ち主だから、さぞかしその生活は悠々としたものなんだろうなと思うが、実際はそうでもないらしい。彼らの生活ぶりをみると、特に変わった点は見受けられない。

　どういうことかというと、彼らは乾いた草原や岩場、砂漠などに棲み、プラニガーレと呼ばれるネズミのような有袋類、あるい

は本物のネズミなどが掘った穴を寝ぐらとしている。基本的に夜間やあまりに暑い日中はその穴の中や岩の割れ目の奥などで休み、比較的涼しい午前や午後に活動する昼行性である。有袋類や齧歯類などの小形哺乳類、小鳥類がおもな獲物で、それを

プラニガーレ　　写真：Alan Couch

嗅覚で探し求め、追跡し、毒牙で倒す。1週間に2〜3回、食事を摂るだけで十分なのである。性質は比較的おとなしく、通常は怒らせないかぎり攻撃はしたがらない。人間がどさどさと歩いていけば、普通は事前にヤブなどに隠れるのである。

⚠ いまや希少種になってしまったインランドタイパン

　この比較的内気な性格が災いしてなのか、インランドタイパンは数が激減している。もともと乾燥地帯に棲みつくという、生物学的弱者であったこともある。猛毒の持ち主であっても、なぜか荒地に棲まざるを得なかった生態的理由があるに違いない。オーストラリアでは希少種として保護の対象になっているのだ。おそらくヘビ毒の研究は、坑毒血清の生産はもちろん、貴重な薬剤の開発につながるから、製薬会社や大学の研究室などでは大量のインランドタイパンを集めたりしていただろう。

　実際、タイパンの毒からは、脳外科の手術で神経や腱などを扱うときに必要な、人工の細胞膜が開発されたりしている。日本ではしばしば沖縄のハブを目の敵にするが、オーストラリアだけでなく先進国の多くは、猛毒動物を貴重な動物資源と考え、新薬の開発や医療素材の発見などに力を入れているのである。

青く輝く海の小悪魔、
遠くから見つめるだけでイイ

▌分布：西太平洋熱帯域・亜熱帯域　　　▌サイズ：約12cm

▌毒の種類：神経毒　　　▌致死量：LD50＝0.02mg/kg

ヒョウモンダコ

▲ なんて小さくて可愛いタコ！と思ったら……

　ヒョウモンダコは小さくて、美しく可愛らしいタコである。全長は12cmほどしかない。ところが、である。本種の咬毒は強烈で、咬まれると嘔吐、痙攣を起こし、まれに死亡することがある。それもそのはず、毒はフグと同じテトロドトキシンで、LD50はわずか0.02mg/kg、これが注入されるのだからたまらない。ひと咬みで出される毒は、7人の人間を麻痺あるいは死亡させるのに十分な

量であるという。相模湾から八丈島以南の太平洋、オーストラリア、タスマニアまでと、西はインド洋まで分布する。

　ヒョウモンダコは、とんがり帽子をかぶった美しいタコなのだが、それが猛毒だと知れば小さな悪魔のように見えてくるから不思議である。ともかく、死神だということがわかっている現在でさえも、人々はなかなか信じないところが恐ろしい。まさか、と思うのである。試しにヒョウモンダコを棒か何かで突っついてみる。すると触手の帯状の輪状斑にある青い点が輝き始める。直径2mmくらいのものだろうか。自然での怒りの信号が赤色だと決めつけてはいけない。こいつの場合は「青」が怒りを示しているのである。

❹ 青色発光の点滅に見とれていたら「カプッ」

　1954年にオーストラリアのダーウィンで船乗りが、1967年にシドニー湾で若い兵士が死亡し、ヒョウモンダコに不用意に触ってはいけないということが知れ渡った。死亡者はヒョウモンダコをサンゴ礁の間や潮間帯の潮溜まりで見つけて、手ですくい上げて腕にくっつけたりして友人などに見せていて咬まれている。こんな状況に置かれたヒョウモンダコは素晴らしい青に輝き、それから鋭いくちばしで皮膚を一撃する。このひと咬みで強烈な毒液が注入され、体内に急速に拡散する。毒は全身麻痺を引き起こし、呼吸困難に陥って死亡する。

❹ 気づかないくらい小さな傷口から猛毒が！

　咬まれて死に損なった人の経験談がある。「私は手の甲にヒョウモンダコを乗せて1〜2分、もてあそんでいたのですが、下に落としてしまったのです。手を見ると、小さな点のように血がにじんでいました。痛みはなく、刺されたとか咬まれたという感じは

まったくありませんでした。ところが数分後、手がチクチクして、口の周りに刺すような痛みを感じました。痛みは急速に広がり、15分もしないうちに、ほとんど全身が完全に麻痺してしまったのです。息をするのも困難で、30分後には嘔吐と痙攣が始まりました。1時間後には病院にかつぎ込まれていました。私を治療してくれた医師は『病院に搬送されたときは、まだ息をしていた。チアノーゼは起こっていなかった。意識はしっかりしており、話を理解することはできた。筋肉は弛緩し、心臓の細動もなく、反射もみられなかった。麻痺状態で、咽頭も麻痺していたのに、である。しかし、横隔膜は動いており、目も半分は開いていた。左手の甲に小さな赤い斑点があった。ちょうど1時間後、自発的な呼吸が止まったので、1時間ほど呼吸装置に入れた。そうしたら、あなたはしっかりし始め、筋力も戻ってきた』といっていました」。そして彼は次の日には元気になったのである。

❹ まずは呼吸の確保が最優先

　治療法は人工呼吸によって窒息死を防ぐことである。とりあえず、すぐさまマウストゥマウス法により空気を肺に送り込む。そしてできるだけ早く「鉄の肺」の装置のある病院へ運び込むのだ。

　いずれにしても、これといった治療法はない。磯遊びに出るときは2人以上で行くことが大切で、特に子供だけで行かせてはいけない。また、泳ぐときも2人以上で行くことが肝心である。水中で咬まれた場合、溺死する。運動量が多く、毒が早く回り、麻痺してきたときに呼吸ができなくなるからだ。そして、いちばんよいのは、ヒョウモンダコを見つけたら、そっとしておくことだ。けっしてしてはいけないのは、彼らを面白半分で突っついたり、手で持ったりすることである。

擬態しているヒョウモンダコ。周囲の景色に溶け込んでいることがあるので注意

近似種のオオマルモンダコ

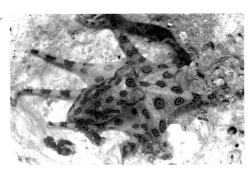

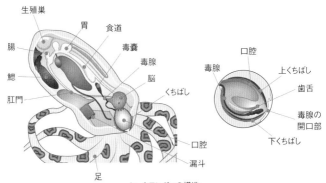

生殖巣
胃　食道
腸
毒嚢
毒腺
鰓
脳
くちばし
肛門
口腔
漏斗
足

口腔
毒腺
上くちばし
歯舌
毒腺の開口部
下くちばし

ヒョウモンダコの構造
※毒に直接関係する器官以外（筋肉や体表）にも毒がある

刺

Geogarphy cone

「ハブガイ」の異名を持つ、小さいのに何とも恐ろしい貝

■分布：インド洋〜太平洋
■毒の種類：おもに神経毒

■サイズ：約12cm
■致死量：LD50＝0.012mg/kg

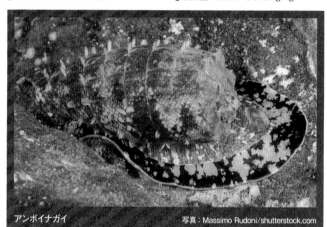

アンボイナガイ　　　　　　　　写真：Massimo Rudoni/shutterstock.com

▲「ハブガイ」とも呼ばれる、小さいのに怖い毒貝

　もっとも恐れられている軟体動物の1つがイモガイ科の巻貝アンボイナガイだ。紀伊半島以南から太平洋の島々、オーストラリア東部に分布し、和名は産地であるインドネシアのアンボン島に由来する。岩礁に棲む美しい巻貝で、殻の高さが約12cm、イモガイの仲間としては殻が薄く、口が広い。口の中に開いている唾液腺が毒腺に変わっていて、矢のような形をした歯（歯舌）で、魚やゴカイを刺し殺して食べる。LD50は0.012mg/kgで、小魚など

は数秒で死ぬ。人間も刺されると数時間で死ぬほど毒が強い。沖縄では「ハブガイ」と呼ばれて恐れられている。

1935年の夏、ある青年が被害に遭った例では、その人はイモガイを手で拾い上げて持っていた。貝は内部から徐々に歯舌を伸ばし、手のひらを刺した。事故を目撃した人は、傷はほんとに小さな跡しかなかったと述べている。彼は母親に感覚が麻痺し始めたといったあと、唇が引きつった。それから目がかすみ、像がダブって見えるようになった。30分で彼の足は麻痺し、1時間たたないうちに意識不明となり、昏睡状態に陥った。初期症状は、ボートに乗っていた別の目撃者の話と一致している。しかし、犠牲者が昏睡状態に陥るまでにはもっと時間がかかったといっている。

⚠ もし刺されたら、まずは「呼吸」を確保！

1954年のこと、17歳になる若い女性がイモガイに刺されたために、1人の医師が現場に呼ばれた。彼は治療する間、ゴムの管とフットボールの中に入っている風船状のチューブを利用してとりあえずつくった「人工呼吸器」を使った。3時間以上も人工呼吸を続けた結果、彼女は回復した。この事例からすると、毒ダコに咬まれた場合と同様に、被害者を救えるかどうかはいかに呼吸を保てるかにかかっているということである。

さまざまなイモガイ。磨くと美しい
見た目だが……　　　　写真：Pet

死亡率はおよそ20％で、この数字はコブラやガラガラヘビよりも高い。

❹ イモガイ類には気軽に触らないことが重要

　ともかくこの貝には注意しなければならない。猛毒を持っているかどうかは種類によって違うが、どれも猛毒を持っていると思って接することが肝心である。貝の採集家たちは、この種の貝を扱うときは、必ず太いほうの端っこを摘む。というのは、尖ったほうの端の側から歯舌が出るからである。しかし、貝は非常に柔軟で、体を曲げて歯舌で指をサッと刺す。従ってもっともよいのは、貝に触らないか、触るならばピンセットのようなものではさんで扱うことだ。腰などにつけた網に入れて泳いだり、ポケットに入れたりしてはいけない。布地の上からでも刺された例がいくつかある。

❹ もし刺されたら、まずは「呼吸」を確保！

　イモガイ科の巻貝には400～500種あり、すべてが多かれ少なかれ、毒を持っている。動きがのろいため、彼らは毒のある道具を使って獲物を捕るのだ。貝の身の部分、すなわち「軟体」の口の中に矢のような形をした毒腺のある歯舌が隠れており、獲物に向かってそれを素早く突き出して皮膚を刺し通し、毒を注入する。歯舌は普段は貝殻の中にしまわれている。一説によると、歯舌は毒液のたまった袋にしまわれているという。歯舌はほとんどの巻貝が持っており、ネコの舌のようなもので、食べ物を舌でこすり取る。カタツムリが葉の上を歩きながら歯舌を使って食べた痕は、しばしば観察できる。イモガイ類はこの歯舌が矢のような形をしているのである。

　この恐ろしいイモガイの仲間は、わが国近海にはおよそ120種

が棲息する。水深200mくらいの深いところにいるものもあるが、多くは暖かい海の潮間帯付近の岩礁にいる。めったに出会うことはないかもしれないが、むやみやたらに何でも触らないようにするか、毒のある生物の勉強をしてから、磯遊びに出かけよう。

歯舌を素早く突き出し、獲物を刺すアンボイナガイ。その上の管は海水を出し入れする水管
写真：Paulo Oliveira/Alamy Stock Photo

口を大きく開けて魚を捕食するアンボイナガイ　　　写真：Paulo Oliveira/Alamy Stock Photo

カリフォルニアアイモリ

触

California newt

毒をまとって外敵から身を守る……
にしては過剰防衛？？

■分布：アメリカ

■毒の種類：神経毒

■サイズ：約12〜20cm

■致死量：LD50＝0.01mg/kg

カリフォルニアアイモリ   写真：Connor Long

④ 見た目は可愛いが、毒を身にまとうイモリ

　日本のイモリは背中側が黒くて腹が赤いが、**カリフォルニア産**
のこのイモリは背中側が栗色、腹側がオレンジ色がかった黄色で
美しい。それでペットとして飼育する人もあった。それくらい可
愛らしい動物なのだが、強くつかんだりすると皮膚から臭い匂い
を出す。実はこの匂いのもととなっている液体には毒が含まれて
いるのである。それもフグ毒と同じ**テトロドトキシン**なのだ。食べ

さえしなければ安全ということになるが、その毒の強さはハンパじゃない。強力な神経毒で、人間はもちろんほとんどの脊椎動物をも殺す。皮膚から分泌された毒に手で触れたら、やはり腫れるくらいはする。きっちりと手洗いをしたほうがよい。LD50は0.01mg/kgである。皮膚中の腺でつくられたもので、青酸カリの何百倍も強い。フグやヒョウモンダコで見つかったのと同じ毒素で、研究者はバクテリアがテトロドトキシンを合成し、神経毒を使用する動物がこれらのバクテリアの消化を通してそれを得る、と考えている。

⚠卵にも護身用の毒が!

カリフォルニアイモリを食べる人はいないだろうが、毒は護身用らしい。皮膚だけでなく、筋肉、血液、卵巣、そして卵も有毒だ。このイモリの卵は水中の砂の上、石の陰、草木などに産みつけられ、親の保護を受けることはないから無防備である。卵を食べようと近づく天敵を防ぐ働きがあるのだろう。カリフォルニアイモリの卵が産みつけられた池では卵中のテトロドトキシンが池の水に溶け出し、魚などが死亡することが観察されている。

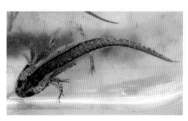

カリフォルニアイモリの幼生
写真：California Department of Fish and Wildlife

水草に産卵するカリフォルニアイモリのメス
写真：Michael Benard/shutterstock.com

毒はどのように蓄積される？

　フグやヤドクガエルは、自身が毒をつくりだすのではなく、食べたものに含まれる毒を蓄積していくと判明しており、カリフォルニアイモリも同様だと考えられている。

　ヤドクガエルの場合、京都大学の桑原保正名誉教授と森直樹助教授（現・同大学教授）は、土壌にいるササラダニの一種オトヒメダニ属が持つ毒を分析し、**プミリオトキシン**という種類の毒を得たが、これはヤドクガエルが分泌する数種類の毒のうちの1つと一致することがわかった。ヤドクガエルは中南米の棲息地では、ダニや、ダニを食べたアリ、テントウムシなどを常食にしており、そうした獲物を通じ毒を蓄えていることを発見したのである。一方、宮城教育大学の島野智之助教授（現・法政大学教授）らは、100種類以上のダニの分泌物を分析し、オトヒメダニ類のアヅマオトヒメダニの分泌物からヤドクガエルの毒の主成分・プミリオトキシンを検出した。オトヒメダニ類は世界中に棲息し、カエルなどの食糧となる。ヤドクガエルはアヅマオトヒメダニなどのダニから毒を取り込み、体内で濃縮している可能性がある、というわけだ。

アメリカは国の固有種カリフォルニアイモリを保護

　1888年、カリフォルニア州バークレイにあるティルデン地域公園では、カリフォルニアイモリが道路を無事に横断できるように通行止めが実施された。秋の長雨の季節を迎えると、イモリは夏の隠れ場から出てきて、自分たちが孵化して育った小川や池まで歩いて戻って交尾する。ところが、その際に2車線の道路「サウス・パーク・ドライブ」を渡らなければならない。この道は付近の住民たちが頻繁に利用するため、イモリの交通事故が多発していた。数えてみると1日で最高188匹のイモリが交通事故で死亡している

ことが判明した。そこで公園当局はイモリを守るため、雨天の日には道路を閉鎖したわけだ。1993年からは、11月〜3月の間全面通行禁止としたおかげで、イモリの事故死は大幅に減っているという。

　猛毒動物であっても、カリフォルニアイモリはアメリカの固有の種である。だから強硬に保護するのだが、わが国でも少しは考える必要があるだろう。沖縄で恐れられているハブも交通事故が多い。だから守れ、とはいわないが、ヤンバルクイナもイリオモテヤマネコもアマミノクロウサギも、せめて無毒の動物くらい、通行止めしてでも守ったら……と思うのである。

カルフォルニアのブターノ州立公園の立て札。「イモリが横断します」と注意を呼びかけている　写真：sethoscope

泳ぐカリフォルニアイモリ
写真：Christophe cagé

刺

Habu-kurage(*Chironex yamaguchii*)

南国の海のレジャーには付きものの、身近で怖い猛毒クラゲ

▌**分布**：インド洋〜琉球列島 ▌**サイズ**：約1.5m

▌**毒の種類**：混合毒 ▌**致死量**：LD50＝0.008mg/kg

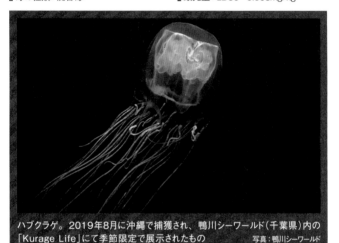

ハブクラゲ。2019年8月に沖縄で捕獲され、鴨川シーワールド（千葉県）内の「Kurage Life」にて季節限定で展示されたもの 写真：鴨川シーワールド

⚠「ハブ」の名が付くにはそれなりの根拠がある

　名は奄美・沖縄地方に棲む猛毒のハブに由来するように、このクラゲもあなどれない。海洋レジャーが盛んなこの地方の海では、海洋生物による被害も多数発生している。そうした被害の半数近くがハブクラゲによるもので、刺されるのは毎年100〜200件ほど、これまでに3件の死亡事故（2020年6月時点）も発生している。

　その毒性はLD50＝0.008mg/kgというから、強い。刺された場合、

まれに呼吸困難を起こすことがあり、6時間後に水泡、12時間後には壊死を引き起こすが、普通は回復する。1997年8月、沖縄本島の金武町屋嘉の海岸の浅いところで遊んでいた6歳の女の子がハブクラゲに刺された。「痛い、痛い」と泣き叫び、砂浜に上がってきて倒れた。ショック状態である。左太ももに何かが巻きついたような筋状の腫れ跡があり、心肺停止の状態で病院に運ばれた。意識不明の状態は続き、病院で集中治療を受けていた。しかし3日目の朝、ショックによる多臓器不全のためその病院で亡くなった。このような事故は未然に防がねばならないのだが、肝心なハブクラゲの生態がまったくわかっていなかった。いつもそうなのだが、事故が起きてから調査は始められた。

❹ 漂うクラゲの調査はムズカシイ

クラゲはフワフワと波間を漂っているように見える。どこに行くかは波次第……気楽な人生を送っているように思える。傘は四角いサイコロ状で、径は10〜13cmくらい。傘の四隅に4本の足があり、それぞれに約7本の触手がついている。長いものは1.5mにもなる。体のほとんどは水分で、有機質は1%以下、透明で筋肉らしきものも見あたらず、水中での体重はゼロに近い。だから、調査は困難をきわめる。水中でほとんど重さのない発信器を透明な体に装着しなければならない。それをつけたら動きが変わった、というのではいけない。しかも水中である。それでも調査回数を重ねると、ハブクラゲの動きが次第にわかってきた。

それによると、彼らはどこに行くかは波次第……ではなかった。かなりの遊泳力を持っている。ハブクラゲは天気や水温などにほとんど左右されないらしいこと、移動には潮の流れの影響がみられないこと、日中にはほとんど活動を停止しており、日没の数時

間前から日没にかけて泳ぎ、平均移動速度は1.9m／分、最大移動速度は9.1m／分、個体によっては夜間も活動する。沖合に行き、捕食などをしているらしい。そして日の出の数時間前から日の出にかけて再び活動が活発になり、海岸近くの波打ち際にやってきて、午前8時を過ぎるころになると、そこでほとんど活動を停止した……というものである。こうしてみると、ハブクラゲの動きは、潮の流れや潮の満ち干よりはむしろ時刻と関係があるようにみえる。朝から夕方まで海岸近くにいるから、そこで海水浴などをすれば、被害に遭う確率が高いわけだ。

⚠ クラゲに攻撃する気はない、刺されないための対策をしよう

　ハブクラゲの刺胞は100分の1mmくらい、そこから飛び出る刺糸もごく短い。海水浴をするときはTシャツなどを着るとよい。シャツの厚みがあれば刺糸はほとんど届かない。それに強烈な太陽の光も和らげるから、過度の日焼け防止（UV対策）にもなる。

　1998年には「ハブクラゲ等連絡対策協議会」が発足し、沖縄県はオーストラリアからハブクラゲと似たクラゲの毒に効く血清を輸入し、県立病院に配備した。しかし輸入した血清は日本では認可されていないため、治験として、本人の同意を得て使用することになるという。オーストラリアで対策の様子を視察し、同地では、救急隊員に血清を打つ権限が与えられ、事故から20分以内に注射するのが望ましいとされていることがわかり、日本とは状況が違うことが問題点となった。そのほか、唯一の防止策であるハブクラゲ侵入防止ネットの設置を徹底することを目指している。そして安全のためのパンフレットも配布されており、万が一刺されたら酢をたっぷりかけて氷などで冷やすこと、などと書かれている。

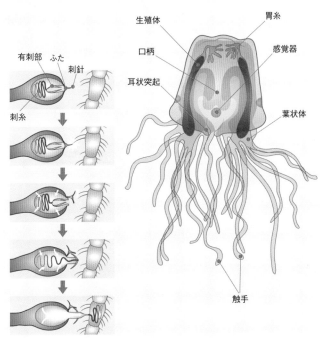

ハブクラゲの体のしくみと刺傷のメカニズム

沖縄のビーチに設置されているハブクラゲ防止ネット

咬

Yellowish sac spider(*Cheiracanthium japonicum*)

日本産のクモには珍しい、毒を持つ身近なクモ

▌分布：日本（沖縄以外）　　▌サイズ：約1.2cm（メス）、約0.9cm（オス）

▌毒の種類：神経毒　　▌致死量：LD50＝0.005mg/kg

カバキコマチグモ

⚠日本の在来種なので咬傷事故は多い

　日本にはおよそ1500種のクモがいるが、日本産で珍しく、猛毒を持つのがこのカバキコマチグモである。沖縄県を除いた北海道から九州まで分布する。黄色っぽいクモで、体長はメスが1.2cm、オスが0.9cmと比較的小さく、その割には上顎が大きく鋭く、ルーペなどを使って眺めると「怖そうな顔つき」をしている。黒っぽい牙状の上顎は頭胸部にある毒腺とつながっていて、咬むと同時に

毒を注入して獲物を麻痺させるしくみだ。人間は獲物ではないが、咬まれるとたいてい激しい痛みを感じる。

「観葉植物を眺めているとき葉の上にいたクモに触ったところ、左手の親指の中央あたりを咬まれた。ハチに刺されたときよりも強いズキンとした痛みがあったので、すぐに冷やした」、「農作業をしていたとき、小屋に積んであった防鳥ネットを抱えた途端に人差し指の腹を咬まれた。その瞬間、焼け火箸をあてたような痛みがあったので病院に行って手当てを受け、4〜5時間たったが手の甲から肘までの腫れがまだ引かない」、「夜寝ていて痛くて目が覚めて見たら、両太ももが赤く腫れていた。かなり強い痛みで、布団の中にこのクモがいた」、「北海道の民宿で、夜、左頬を咬まれた。針でえぐられたような猛烈な痛さで、ほとんど半身不随になったような感じがした」など、被害に遭った人たちの感想である。咬まれると灼熱感があり、その箇所をよく見ると赤い小さな2つの斑点がある。間隔は約6mm、牙の痕で、そこが赤くなり、腫れる。指を咬まれても肘まで腫れることがある。咬まれた箇所に水泡ができたり、潰瘍ができたりすることもある。咬まれた人の半数は重症となるが、発熱、頭痛、悪心、嘔吐、ショック症状を呈する場合もある。たいてい2〜3日で快方へ向かうが、局所の痛みやしびれ感は2週間も続くことがある。

❹ 毒自体は強いが、量が少ないので死亡例はない

だが、死亡した事例は見あたらない。LD50が0.005mg/kg、本書でのランキングは5位だが、致死的ではないのだ。その理由は、牙の威力がそれほどでもなく、毒量も少ないからだが、もちろんアレルギー体質の人は用心する必要がある。刺咬症は農村や田園地帯に多く、5〜8月の間に発症し、6月に多発する。

6月というのはカバキコマチグモの交接期で、特にオスは人家内にまで侵入して徘徊し、寝具などに潜むため、就寝中に寝床で事故が起こる。野外では、ススキやイネの葉が巻かれているのに興味をおぼえ、それを手で開いているときに刺咬される。10代の男性に被害が多いが、河原やススキの原っぱなどでボール遊びをしていたり探検ごっこをしたりすることが多いからだ。

　このクモは猛毒だが面白い習性の持ち主でもある。彼らはススキの葉を半分に折り曲げて、曲げた部分を糸でつなぎ、巣あるいは卵を産む部屋をつくる。部屋は狩猟、脱皮、交接、産卵など、目的に応じてつくり変えるようである。いわゆるクモの巣は張らず、夜間、草むらを徘徊して昆虫などを捕食する。猛毒はそのときに必要なのだが、ともかくオスはメスの巣の入り口を覆う糸を食い破って侵入し、メスの下に潜り込んで交接する。 夏にメスは100個ほどの卵を産み、孵化するまで巣の中で卵を守る。10日ほどあとの9月初旬、卵から孵った子グモは、第1回目の脱皮を終えると、生きている母グモに寄ってたかって、その体を食べてしまう習性がある。幼体、亜成体の時期は丈の低い草むらに棲息するが、成長するにつれて丈の高いイネ科植物の草原に移動していく。

🔸 **何に咬まれるかは運次第？**

　ススキなどの葉を巻くのはすべてカバキコマチグモかというとそうではない。やや小形のヤマトコマチグモ、ヤサコマチグモ、比較的細身の葉を巻くハマキフクログモなどの種類があるから、咬まれたらそのクモをよく見分ける必要がある。ちなみに、個人的には咬まれた経験はない。長年にわたって、カヤネズミやヤマネコの調査でススキの原っぱを無用心に歩き回り、マダニにはよく咬ま

れたが、カバキコマチグモの攻撃を受けたことはない。機会があれば、子供が親を食うシーンをじっくり観察してみたいと思っている。

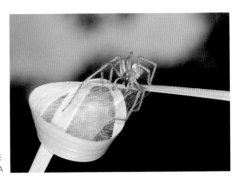

巣をつくるカバキコマチグモ
写真：pieris55/PIXTA

カバキコマチグモの巣

カバキコマチグモの子供

インディオに吹矢の毒として
重宝された化学兵器生物？

■分布：南アメリカ　　　　**■サイズ**：約5〜6cm
■毒の種類：神経毒　　　　**■致死量**：LD50=0.002〜0.005mg/kg

モウドクフキヤガエル　　　　　　　写真：Dr. Hans-Günter Wagner

⚠ ブローチにしたいくらいキレイだけど、毒がある！

　南アメリカにいるブローチになるような美しさを持ったカエルが
ヤドクガエルで、この仲間はほとんどすべての種が皮膚腺に微量
でも毒を持っているが、動物や人間には効かない。ただし、一部
のものではよく発達している。毒は植物毒のアルカロイドに似た
低分子量の猛毒である。**バトラコトキシン**と呼ばれ、最強のヤド
クガエル科フキヤガエル属「**モウドクフキヤガエル**」だと、LD50は

0.002mg/kg、つまり1mgで約1万匹のマウスを殺す、また学者によっては10人から20人の成人を殺すのに十分であるというほど、強烈である。

「ヤドク（矢毒）」とは、アマゾンの熱帯雨林の奥深くに住んでいたインディオたちが、白人がやってくるずっと以前から、毒矢の矢じりをつくるためにこの動物を捕らえていたことによる。棒に突き刺して火にかざすと、瀕死のカエルはミルク状の液を出す。この液を矢じりにつけて乾かすと、1匹のカエルから30〜50本の毒矢ができるという。しかもその効果は1年以上保たれる。ジャガー、シカ、サルなどの動物を狩り、敵のインディオを倒すときの毒矢の威力はすさまじく、毒矢に当たったものは、どんなものでもほとんど一瞬のうちに麻痺してしまう。

●化学兵器を備えて悠々と暮らすカエルたち

殺人的防御機構を持っているおかげで、この小さなカエルは昼行性である。派手な色で自分の存在を誇示しながら林床を跳ね回り、誰にもじゃまされずに気ままに生きている。秘密の化学兵器を持っているほかの生物も、自分の姿を隠そうとしないし、中には化学戦をも辞さないという決意を示す、特別なディスプレイをするものもいる。インディオは緑色をしたインコを捕らえると、一部の羽を抜き、そこにカエルの毒を塗り込む。不思議なことに、そこからは黄色い羽毛が再生する。彼らはそうやって美しい色合いのインコをつくるのである。

●ヤドクガエルの毒には祈祷が効く？

かつてブラジルの生物学の専門家であるアウグスト・ルスキー教授（リオ・デ・ジャネイロ連邦大学）が研究旅行中に被害に遭っ

たときは、症状が違った。ヤドクガエルであることは確実だが、即死するほどの猛毒でなく、じわじわと体が弱っていったという。日に日に衰弱し、息が切れて歩けなくなり、連日の鼻からの出血、高熱と体中の痛みで、夜も眠れなくなった。

　末期的症状を示し始めたとき、アマゾンの熱帯雨林に住むインディオの祈祷師だけは解毒剤を知っているとの情報で、マット・グロッソ州のシングー保護区に住むチュカラマイ族のラオニ酋長とカマユラ族のサパインという祈祷師がリオの病院に招かれた。全身を黒い塗料で彩ってルスキー博士の病室に入った2人は、まずタクペアーの実でこすった手で病人の体をなでさすり、次にペテンカオーの葉を巻いてつくった長さ30cmほどのタバコを吸っては、この煙を両手でつくった輪を通して病人の体中に吹き付ける「バジェ・ペタンの療法」で毒を抜き取ろうとした。

⚠ 博士の目前で超常現象が？

　しばらくして祈祷師サパインの手のひらに、ルスキー博士を致命的状況に追い込んでいたヤドクガエルの毒が、緑色のネバネバした液となって現れた。2日目はその液が白っぽくなり、3日目に黒ずんでくると、もう毒がなくなった証拠だという。あとは体中の毛穴が呼吸できるように清浄にして、体を強くする薬草トロンコンを煎じた湯を体にかけて、解毒は終わった。ルスキー博士は嘘のように回復したという。

⚠ 暮らす環境によりヤドクガエルの毒はなくなる

　この毒は、7位のカリフォルニアイモリのところで述べたように、土壌中のダニの毒がもとで、それを食べた小さな甲虫を経てカエルの皮膚に集められる。猛毒を蓄えるカエルは3種だけだが、ど

こに棲んでいるか、何を食べたか、で毒の強さが異なる傾向がある。動物園などで孵化させたヤドクガエルは、身近な無毒の昆虫などで育てられるから、無毒なのである。まさに自然の中で生きるものたちの不思議さである。

コバルトヤドクガエル　　　　写真：Tom Thai　イチゴヤドクガエル　　　写真：Danel Solabarrieta

アイゾメヤドクガエル　　　　写真：H. Zel　マダラヤドクガエル　　　写真：Brian Gratwicke

ミイロヤドクガエル　　　写真：Ruben Undheim　アシグロフキヤガエル　　　　写真：Esquilo

3位 ズグロモリモズ

Pitohui dichrous

触

幻の毒鳥は実在した！
近年明らかになった実態とは

▎**分布**：インドネシア、パプアニューギニア　▎**サイズ**：約60〜80cm
▎**毒の種類**：神経毒　▎**致死量**：LD50=0.002mg/kg

ズグロモリモズ。素人はまね厳禁　　写真：Benjamin Freeman

⚠ 中国に紀元前から伝わっていた毒鳥「鴆（ちん）」

　毒を持つ鳥類は、近年まで知られていなかった。だが伝説はあった。紀元前3世紀以上前の中国では、その鳥を「鴆」と呼び、毒ヘビを常食とするゆえに猛毒の持ち主とされた。その鳥の羽毛に猛毒があり、それを浸した酒を飲めば、死ぬという。暗殺、自殺に使われたらしい。その酒を「鴆酒」というが、太平記には「鴆毒という恐ろしき毒を入れられたり」とある。そんな毒鳥は中国に

も世界のどこにも棲息しないとされてきたのだが、さまざまな文
献に登場するところから、鳩のモデルとなった鳥がいたことは間
違いない、と考えている人も少なくなかった。

⚠1990年に鳥の持つ毒が発見された

　ところが、1990年にニューギニアの密林中に、猛毒を持つ鳥が
確認されたのである。鳴き声から「ピトフーイ(Pitohui)」と呼ば
れていたこの鳥自体は、1830年に発見されていた。毒を持つこと
が判明したのは、シカゴ大学の調査員がその鳥の1種ズグロモリ
モズを捕獲したときである。その鳥に突つかれた傷口を舐めたと
ころ、口内に痛みが走り、しびれがきたのだ。さらに羽毛を舌に
乗せたところ、クシャミが出て、口と鼻の粘膜に麻痺と灼熱感
を即座に感じたという。

⚠明らかになったモリモズたちの毒性

　ズグロモリモズの毒性はステロイド系の神経毒、ホモバトラコ
トキシンであり、ヤドクガエルのそれに似ている。その皮膚10mg
の抽出エキスをマウスに皮下注射すると、痙攣して18〜19分で
死亡、羽毛25mgのエキスでも15〜19分で死に至ることが判明し
た。この毒性は骨格筋も示すが、肝臓や胃腸などには認められて
いない。近縁種のカワリモリモズにも毒性が認められ、皮膚20mg
相当のエキスで16〜18分、羽毛50mg相当のエキスでは19〜27分
で、マウスを痙攣ののち死亡させる。しかし胸の筋肉と肝臓や胃
は毒性を示さない。また、現在では上記2種と少し系統が違うと
されているが、やはりピトフーイと呼ばれていたサビイロモリモズ
も有毒だ。皮膚40mg相当エキスの皮下投与で30〜40分後にマウ
スを死亡させるが、羽毛と胸の筋肉に毒性は認められていない。

もっとも強力なのはズグロモリモズで、LD50は0.002mg/kgと決定された。体重65gのズグロモリモズで皮膚にホモバトラコトキシンは15〜20μg、羽毛に2〜3μgが含まれるから、人間に対しても、1羽で毒性を十分に示すだろうという。カリフォルニアイモリ、あるいはマウドクフキヤガエルの毒と性質が似ているところから、食べものに由来する可能性が高い。青酸カリの致死量が0.2gとされているから、2000倍の毒性を持つことになる。

　その後、ピトフーイ以外にも、やはりニューギニア固有種のズアオチメドリ、ニューギニアだけでなくオーストラリアにも棲息するチャイロモズツグミなどが有毒鳥類として知られるようになった。

ズアオチメドリ
写真：feathercollector/shutterstock.com

チャイロモズツグミ　写真：Graham Winterflood

❹ モリモズ＝鴆なのだろうか？

　さて、この「ピトフーイ」と中国の伝説の「鴆」との関連であるが、後漢の応劭によると鴆は「黒身赤目」だという。1992年に『サイエンス』誌に掲載されたピトフーイの姿は、「黒身赤目」に似ていなくもない。

　ニューギニアと中国は、確かに遠く離れている。しかし、古代

中国人がニューギニアあたりにまで出ていった可能性がないわけではない。かつて秦の始皇帝（紀元前259〜紀元前210年）の命を受け、徐福なる人物は、「東方の三神山に不老不死の霊薬を求めて3000人の童男童女と多くの技術者を従え、五穀の種を持って、東方に船出した」という。朝鮮半島を経て日本にたどり着き、鹿児島県から青森県まで、日本の各地に徐福に関する伝承が残されている。

　不老不死の霊薬は実はコケモモであり、それを求めて富士山に登り、初めて登頂した人物も徐福であったともいわれる。始皇帝は東方だけでなく、南方にも同様の人物を派遣したかもしれない。東南アジアを島伝いに進めば、やがてニューギニアである。西方のアラビアに至る「海のシルクロード」と呼ばれる交易ルートがあるから、南方にもそのようなルートがあっても不思議はない。西暦358年3月に、東晋の穆帝が鴆の生きているものを献上され、激怒して焼き殺した記録も『晋書』にある……という。

江戸時代の『倭漢三才図会』（1928年復刻版）。鴆について、文の続きには「この鳥、（中国の）商州蘄州など、南方の山中に出づ」とある　　所蔵：国立国会図書館

刺

Box jellyfish (*Chironex fleckeri*)

クラゲの意志に関係なく刺す！
もう人間が気をつけるしかない

▌分布：オーストラリア〜インド洋　　▌サイズ：約4.5m

▌毒の種類：混合毒　　▌致死量：LD50＝0.001mg/kg

ゴウシュウアンドンクラゲ　　　　写真：Visual&Written SL/Alamy Stock Photo

⚠死亡事故まで引き起こす恐怖のクラゲ

　1955年ごろ、オーストラリア北東部のビーチで、5歳の少年が何かに刺されて死亡した。同地からは3種のクラゲが見つかり、うち1種が箱の形をしたクラゲで、新種とわかった。

　それから、約40件の死亡事故が報告され、2006年には、ケープ・ヨーク半島最北部のユマギコ・ビーチで7歳の少女が毒性の強いクラゲに刺されて死亡した。地元警察のアンドリュー・マーチャ

ント巡査が『ケアンズ・ポスト』紙に語ったところによると、少女は、浅瀬で泳いでいたところ、胸部から足部にかけてクラゲに刺された。彼女は、悲鳴をあげながら水から上がってきて、まもなく卒倒。両親や通報を受けた救急隊員、警察官などが救命処置を行ったが、助からなかったという。2007年にも北部準州で6歳の少年が死亡する事故が起きており、その後、このクラゲによる死者は減っている。

⚠ 触れるものは「すべて」刺す！

　これらの例はいずれも猛毒を持つ通称「ボックス・ジェリーフィッシュ」によるものだ。殺人者の手を意味する属名「キロネックス」でも呼ばれ、日本では「ゴウシュウアンドンクラゲ」や「オーストラリアウンバチクラゲ」として知られている。傘の大きさはバスケットボールほど。最多で60本の触手を持ち、その長さは4.5mにも達する。触手には約50億個の刺胞（中から毒針が飛び出す細胞）があるという。刺胞の大きさは100分の1mmほどだから、目には見えない。刺胞はカプセル状になっていて、内部に毒液が入っており、普通は獲物の小魚からの刺激なのだが、人の肌などに触れても、自動的に刺糸が飛び出すしくみになっている。肌に密着すると刺糸が刺さり、毒が注入される。この一連の動作は、猛毒クラゲの意志に関係なく、自動的に行われるのである。

⚠ 学者は刺されても猛毒クラゲの追跡調査に挑む

　LD50は0.001mg/kgと、猛烈だ。刺されると2〜3分で死に至ることもあるという。ケアンズにあるジェームズ・クック大学のジェイミー・シーモアは、小型超音波発信器を猛毒クラゲに取り付け、行動を追跡したり、1年のどの時期にクラゲがいなくなる

かを予測したり、新薬開発に必要な毒液を採取したりしている。

　シーモア自身にも以前猛毒クラゲにやられた経験がある。ある夜、埠頭近くで大きなクラゲに遭遇し、「気がついたら、両手と両足にクラゲの長い触手が絡みついていた。海から上がると、まっすぐ歩けず、涙がぼろぼろ流れてきた」のである。彼はポリウレタン製のウェットスーツを着ていたため、命は助かった。それとクラゲの毒を抑える酢をすぐにつけたのもよかったようだ。だが命を取り止めても、体には紫色の傷跡が一生残る。

⚠ ゴウシュウアンドンクラゲの「24の瞳」

　ほとんどのクラゲは目がなく、海を漂うだけだが、ゴウシュウアンドンクラゲには24個の目があり、秒速1.5mで泳ぐ。ハンパなスピードじゃない。日中、この目と遊泳力を使って魚を捕まえ食べるのだ。ただ、人間を攻撃しようと追いかけてくることはない。この猛毒クラゲは、昼間は活発に動くが、夜は海底でじっとしている。シーモアの同僚テレサ・キャレットは、このクラゲは成長するにつれて毒性が強くなることを突き止めた。幼いクラゲは刺胞の5%にしか毒がなく、小エビを捕らえる程度だが、成長すると刺胞の50%に毒を持つようになり、大きな魚でも襲う。

⚠ 海を満喫したいなら、そこに棲む生物のことも知ろう

　現在ではこの猛毒クラゲの存在が、オーストラリアでよく知られている。11月から6月にかけて発生するが、多くの遊泳区域で「スティンガー・ネット」と呼ばれる防護網を張っていることが事故防止に貢献している。ネットで囲まれた部分で泳いでいるかぎり、ほぼ安全ということだ。さらに、坑毒血清も準備されていることもあるが、重要なのは危険性を知ることなのである。

　危険かどうかは誰も教えてくれないと考えて間違いない。自分自身で学ぶことが大切である。オーストラリアでダイビングを、あるいはサーフィンを楽しもう……なんて考えている人は特に、である。このクラゲ、実はオーストラリアだけでなく、パラワン島を含めたフィリピンの島々などにもいる！

クイーンズランド州のエリス・ビーチ。スティンガー・ネットが張られ、クラゲに注意するよう看板が立てられている　　　　　　　　　　　　　　写真：Kerry Raymond

ゴウシュウアンドンクラゲの分布

マウイイワスナギンチャク

刺

Palythoa toxica

恐怖の伝説を生んだ？
世界一の猛毒生物

▌分布：マウイ島　▌サイズ：約3.5cm

▌毒の種類：神経毒　▌致死量：LD50＝0.00005〜0.0001mg/kg

マウイイワスナギンチャク　　　写真：seiwatanabe/PIXTA

▲ マウイ島に伝わる、幻の猛毒伝説

　ハワイの伝説の1つによれば、マウイ島のハナという地域に1人の男が住んでいた。彼は変わり者で、近所の人々はしばしば魚捕りに行ったが、彼は一緒には行かなかった。そして事件が起こり始めた。魚捕りに出かけたときはいつでも、なぜかグループのうちの1人が行方不明になった。やがて漁師たちは、痩せた土地を一所懸命に耕す変わり者を疑うようになった。漁師たちは男を捕

まえて服をむしり取ったところ、背中にサメの口が現れたのだ。びっくりした漁師たちは男を殺して、燃やし、その灰を磯にある潮溜まりにばらまいた。

すると、灰が散らばったあたりに生えていた赤っぽい海藻が猛毒を持つようになった。「リム・マケ・オハナ（オハナの致命的な海藻）」、これが呼び名であり、それが生えている波が洗う潮溜まりは、人々の禁断の地とされた。人々は潮溜まりに石を積んで覆い隠し、その場所について堅く口を閉ざした。

古くからハワイの住民はこの毒のことを知っており、部族間の抗争では毒槍にも使われたとされる。また毒を矢じりに塗って色とりどりの小鳥を捕らえ、羽毛で美しいケープをつくっていたともいわれる。ハワイの王はそのケープや冠で身を飾った。それだけに猛毒は貴重なものであり、秘薬の類であり、採れる場所は秘密にされたに違いない。

❹ タブーに挑む学者たちに毒の魔の手が?!

この伝説の猛毒の海藻は、実は軟らかなサンゴである**パリトア**の1種だった。1950年のこと、ナチス・ドイツから逃れてきた有機化学者のポール・ショイアーは、ハワイ大学で学び、海洋生物から医薬品を見つけ出す研究をしていた。1960年代の初め、ショイアーのグループはハワイに猛毒を持つ生き物がいることを知った。どうやらそれは海にいるらしいこと、致命的な毒らしいことを聞き込んだのだ。調査を始めてからまもなく、その毒はマウイ島のハナ海岸の小さな入り江に棲む**イワスナギンチャク**の1種から採れるらしいことがわかった。ところが、それを採集する段になって横槍が入った。タブーを犯すと祟りがあるから採集してくれるな、というのだ。

1961年12月31日の午後、計画は実行に移された。それを採集し、オアフ島にある研究所へと向かった。だが、研究所に着いたとき、建物が火事で焼け落ちていたのだ。続いて、採集にあたった研究者の1人が突然高熱を発したのである。まさか祟りではあるまい。彼らは科学者である。

　生死の境をさまよう患者の治療にあたった医師は、皮膚の小さな傷からイワスナギンチャクの毒が入ったのではないか、と疑ったのである。図らずも毒の強さを知ることになったのだが、毒を特定するのに10年近くを要した。1971年、その生物は分類学者によりマウイイワスナギンチャク（*Palythoa toxica*）と名が付けられ、ショイアーは学名からその毒をパリトキシン（Palytoxin）と名づけた。

❹ 伝説の猛毒の実態は

　伝説の猛毒が明らかになった。強烈すぎて正確なLD50を決定するのも難しかったようだ。その値はマウスで50～100ng/kg、つまり10億分の50～100gだった。

　LD50 = 0.00005～0.0001mg/kgということになる。青酸カリの8000倍、フグ毒テトロドトキシンの60倍も強烈とされる。計算上、人はわずか4μgで死に至ると考えられている。毒は心臓とその心筋、肺の血管などを急速に収縮させ、赤血球を破壊するから、生きものは窒息するかのごとく死亡する。

　その毒はスナギンチャク自身がつくり出しているのではなく、海に棲息している細菌、あるいは単細胞生物を体内に取り込んだ結果、毒をもつというものである。

　マウイイワスナギンチャク。知られているかぎり世界最強の生物毒である。ハワイの観光ガイドブックにも、海岸で遊ぶときに

は「やたらなものに触れないこと」と1行、小さく書かれているそうだ。

　なお、2018年にイギリスで、この生物をそれと知らずに購入し、熱帯魚の水槽に入れていた家庭で事故が起きた。マウイイワスナギンチャクが水中で衝撃を受けてパリトキシンを出し、それが気化して室内に充満したため、一家で救急搬送されたという。2014年にはアメリカで、水槽に入れようとしたマウイイワスナギンチャクを床に落としたことによる事故が起きている。

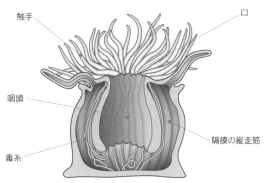

触手　　　　　　　　　　　　　　　　　　口
咽頭
隔膜の縦走筋
毒糸

マウイイワスナギンチャクの構造。サンゴとイソギンチャクの中間のような、スナギンチャクの1種。触手を引っ込めて口を閉じると、岩のように見える

インド洋から西太平洋の熱帯海域に広く分布するイワスナギンチャク（*Palythoa tuberculosa*）。マウイイワスナギンチャクほどではないが、パリトキシンを持っている。日本では紀伊半島南端が棲息の北限
写真：Mark_Doh/iStock.com

おわりに

　「毒」は時おり話題になり、絶えることがない。つい先日も、フグを調理して食べ、病院に運ばれた人がいる。世の中にはさまざまな「毒」があるのだが、ひとくくりにされているから、なかなかわかりにくい。本書では食べて中毒を起こす「毒」、人間がつくった「毒」などには触れてないが、ここでまとめておくことにする。

　「食べると毒」でいちばんよく知られているのはフグ毒だろう。テトロドトキシンと呼ばれる毒素のLD50は0.01〜0.008mg/kgで、人間での致死量は0.5〜2mgである。ほんの数時間で毒性は消えていくのも、生物毒のすごさである。本書15位のイボウミヘビに咬まれたのと同じくらいである。

　キノコ毒も有名だ。たくさんの種類があるからひと口にはいえないが、猛毒のタマゴテングダケでLD50は0.2〜0.5mg/kg、人間での致死量は約0.1mg/kg、致死率は20〜30％、10歳以下の子供は50％強である。目安としてはキノコ傘1〜2個で5〜15mgの毒素アマニタトキシンが含まれているといわれているから、あまりガツガツ食わないことだ。本書26位のキイロオブトサソリに刺されたのと同じ程度である。

　毒物としての名がよく知られているのは、いわゆる青酸カリである。日本でもかつてはイエネズミ退治用に広く出回っており、ネコの代わりにネズミを捕ってくれるから「猫いらず」

などという商品もあった。この青酸カリのLD50は3.0mg/kgで、本書42位のハブと同じくらいの毒性である。

　事件になってからだいぶ月日が経過したが、猛毒のサリンはどうだろう？　マウスを用いた実験ではLD50は0.05〜1.1mg/kgと幅がある。人間では1m³の空気に70mgが溶けている気体を吸い込んだだけで半数が死に至る、とされる。場合によっては、本書11位のイースタンブラウンスネーク、13位のカツオノエボシ、16位のブラックマンバなどと同じほどの猛毒だが、恐ろしいのは後遺症である。神経を破壊するから、長い間、毒に苦しめられることになる。

　では自然界で最強の毒は……というと、ボツリヌス菌の毒素ボツリヌストキシンと、破傷風菌の毒素テタヌストキシンのLD50 = 0.00005mg/kg（推定）である。このうちボツリヌス菌は、食中毒を起こすことでよく知られている。サルを用いての研究から、体重70kgの人間の致死量は、静脈注射あるいは筋肉注射で0.09〜0.15μg、経口摂取で70μgと考えられている。古い缶詰が腐るとこの菌が増殖していることがあるが、無色無臭、味もないらしいから、ひと口で即死する！　しかし、ボツリヌス菌毒素は、85℃以上で5分間の加熱、80℃で30分間の加熱で毒性がなくなるから、用心すれば防ぐことができる。

ただ、休眠状態になったこの菌の芽胞は熱に強いうえに、ハチミツなどに含まれていることがあるのだ。ハチミツは、腸内環境がまだ整っていない1歳未満の乳児は食べてはならないとされている。ボツリヌス菌の芽胞が発芽して増殖し、毒素が産出されてしまうためである。2017年、ジュースに混ぜたハチミツを約1カ月与えられていた男児(6カ月)が死亡した。ハチミツの量は、1日約10gだったと考えられている。

　一方で、「毒」は使いようによってはよい薬になる。世界的には医薬品への利用が考えられ、研究も盛んである。毒を持つ動物を怖がるだけではなく、よく知ることが重要であろう。本書が知識獲得のうえで少しでも役に立てば、と思うのである。

　最後となってしまったが、本書は2008年に出版された拙著の改訂版である。当時、編集の労をとられたSBクリエイティブの石 周子氏、改訂でお世話になった同社の田上理香子氏、イラストを担当された森 真由美氏、また写真を提供してくださった多くの方々……に対し、心からお礼を申し上げます。

2020年7月　今泉忠明

《 お も な 参 考 文 献 》

『カエルの世界』松井孝爾(平凡社、1976年)

『ヘビの世界』松井孝爾(平凡社、1977年)

『急性中毒処置の手引』日本中毒情報センター編(薬業時報社、1999年)

『原色日本両生爬虫類図鑑』中村健児、上野俊一(保育社、1963年)

『動物大百科 両生・爬虫類』T.R.ハリディ、K.アドラー編(平凡社、1987年)

『日本の爬虫類』リチャード・ゴリス(小学館、1975年)

『ハブと人間』吉田朝啓(琉球新報社、1979年)

『爬虫類』タイム社ライフ編集部、アルチー・カー著/岡田彌一郎訳(タイムライフインターナショナル、1974年)

『野外における危険な生物』日本自然保護協会(平凡社、1982年)

『猛毒動物の百科』今泉忠明(データハウス、1994年)

『野生動物観察事典』今泉忠明(東京堂出版、2004年)

『A Field Guide to the Snakes of Southern Africa』V. F. M. Fitzsimmons (Viking Pr、1970年)

『Australia's Venomous Wildlife』John Stackhouse(Paul Hamlyn、1970年)

『Grzimek's Animal LifeEncyclopedia:Reptiles』Bernhard Grzimek編(Intl Specialized Book Service Inc.、1975年)

『A Field Guide to Western Reptiles and Amphibians』Robert C. Stebbins(Houghton Mifflin、1985年)

索引